U0342973

设计的历史与故事

THE HISTORY AND STORY OF DESIGN

邵文杰 著

华中科技大学出版社
http://press.hust.edu.cn
中国·武汉

图书在版编目（CIP）数据

设计的历史与故事 / 邵文杰著. -- 武汉 ：华中科技大学出版社，2024. 8. -- ISBN 978-7-5772-1185-5

Ⅰ . TB21

中国国家版本馆 CIP 数据核字第 202400CW63 号

设计的历史与故事
Sheji de Lishi yu Gushi

邵文杰 著

出版发行：华中科技大学出版社（中国·武汉）　　　　电话：(027) 81321913
地　　址：武汉市东湖新技术开发区华工科技园　　　　邮编：430223

策划编辑：张淑梅　　　　　　　　　　　　　　　　装帧设计：河北优盛文化传播有限公司
责任编辑：赵　萌　　　　　　　　　　　　　　　　责任监印：朱　玢

印　　刷：河北万卷印刷有限公司
开　　本：710 mm×1000 mm　1/16
印　　张：13.5
字　　数：239 千字
版　　次：2024 年 8 月第 1 版 第 1 次印刷
定　　价：69.80 元

投稿邮箱：zhangsm@hustp.com
本书若有印装质量问题，请向出版社营销中心调换
全国免费服务热线：400-6679-118 竭诚为您服务

内容简介

　　设计的发展与人类社会的进步相伴而行，研究设计的历史就是从一个独特的视角观察人类发展历程的入口。

　　本书拟诵讨甄选和研究设计发展历程中具有代表性的具体作品，以其为节点研究之锚，向纵横两个方向进行知识延展，通过分析归纳特定设计作品产生的时代背景、社会背景、文化背景、艺术观念、技术条件等，发现设计作品对社会进步、文明发展、经济增长及人们的日常生活改善等方面所产生的影响，帮助读者认识设计作品的丰富内涵，提升其审美能力、人文素养、综合素质。结合对研究对象的剖析，探寻设计与艺术、文化、美学、心理学、经济、科技、材料之间的交互关系，探寻设计发展的内外条件和规律性，拓展提升艺术设计学习、从业者的创新思维和创新能力。

前 言
* PREFACE *

  在当下这个充满创意与变化的时代，设计已成为我们生活中不可或缺的一部分。我们每天都在与各种设计作品打交道。从手机屏幕的界面，到家居的装饰，再到街头的建筑，设计无处不在。我们对各种设计颇为熟悉，然而，当我们谈及设计的概念时，却往往感到陌生。设计究竟是什么？它背后有什么样的故事？它承载着什么样的历史？它又是如何影响我们当下的生活与工作的？这些问题的背后，便是打开理解设计创意形成过程之门的钥匙。每一件设计作品背后都有着丰富的设计故事，都会给人类社会的发展带来或大或小的影响。在历史长河中，中国传统设计以其独特的魅力和深厚的文化底蕴，孕育出了无数令人叹为观止的艺术瑰宝，蕴藏着丰富的设计元素，等待着我们去发掘与传承。

  石器时代是人类文明的孕育期，人类使用石器的时间长达百万年。从旧石器时代、中石器时代到新石器时代，从采集狩猎到桑麻农耕，石器伴随了人类社会发展的启蒙阶段。这些石质工具的制作技术虽然比较粗糙，却是人类最早的设计活动，为人类文明的发展奠定了基础，为后续的人类文明发展提供了重要的支撑和推动力。每一件石器都饱含了自然和历史的沉淀，毫不夸大人作用在对象上的技术因素，不强调人的造型能力和造型技巧在作品中的呈现。中国也在石器的基础上发展出"美石为玉"的独特审美。每一个从石头到玉的过程，都是原始先民在生活中带着美的心情去发现的过程，是重新

认识自然和人类自身历史的过程。

中国传统陶瓷，以其精湛的技艺和别具一格的美学追求，成为世界陶瓷艺术的瑰宝。从原始陶器的出现，到彩陶的华丽登场，从原始瓷器的质朴，到五大名窑瓷器的典雅，从青花瓷的淡雅清新，到五彩瓷的绚丽多姿，陶瓷艺术所展现出的不仅仅是工艺之美，更是中国文化的深厚底蕴。原始陶器于简洁质朴之中蕴含着创新意识，以其稚拙的造型凝结了人类文明发展初期的智识。以仰韶文化为代表的彩陶艺术，展现了原始先民对生活环境中一切自然事物的关注和理解，并将其凝结为丰富多元的视觉符号，表现了他们对美的追求、对自然的认知、对社会的理解以及对情感的表达。从黑陶、白陶、釉陶到瓷器的出现，是人类知识积累和认知提升的结果，如玉的瓷器中凝结的是中华民族对于美的哲思。

青铜器在中国古代曾被广泛使用，从早期的武器、礼器逐渐过渡到工具、生活用品，深刻地影响了当时人们的生产生活方式。中国青铜器以礼器为代表，逐渐形成了独具特色的青铜文化，其以独特而丰富的器型、精美的纹饰、典雅的铭文向人们揭示了先秦时期的铸造工艺、文化水平和历史源流，被史学家称为"一部活生生的史书"。殷商青铜器神秘狞厉，西周青铜器人文理性，春秋战国青铜器精致繁缛，器物之变的背后是时代之变。

在建筑领域中，中国传统建筑以其独树一帜的木结构、飘逸的飞檐翘角和精致的雕梁画栋，展现了和谐统一的视觉美感。在建筑方面，无论是皇家宫殿的庄严宏伟，还是江南古民居的柔和灵动，中国传统建筑都以其深邃的设计语言，完美诠释了东方美学的精髓，通过木制框架的穿斗式结构，建构起中国传统建筑的框架，产生了丰富多元的建筑形式。在庭院设计中，对空间序列的梳理体现了长幼有序、天人合一的设计理念，形成了以家庭院落为中心，以街坊邻里为纽带，家庭和睦、邻里和谐的居住环境。在城市规划方面，中国传统理念"象天法地"这一哲学思想渗透其中，体现了对自然和宇宙的尊重以及对社会秩序和礼制的维系。在园林设计方面，中国传统园林更是以其独到的空间布局和景观营造手法，成为世界园林艺术的璀璨瑰宝。借景、对景、框景、漏景等手法，以及"欲扬先抑"的造园布局，无不彰显着中国古代园林艺术的卓越成就。皇家园林以规模宏大、布局严谨而著称，而私家园林则以小巧精致、富有诗情画意而引人入胜。中国传统建筑和园林艺术，以其独特的魅力和深厚的文化底蕴，为世界建筑和园林艺术的发展做出了不可磨灭的贡献。欣赏、认知、传承这些东方美学的瑰宝，对于其在新的时代继续绽放光彩有重要意义。

中国传统服饰以其精美的刺绣、独特的款式和丰富的色彩，展现出别样的东方韵味，成为无数设计师灵感的源泉。曲裾深衣的流线型设计，展现了古代女子的婉约之美；上衣下裳则体现了古代男子的庄重与大气；右衽与隐扣的设计，更是将古代服饰的精致与巧妙展现得淋漓尽致。除了款式，中国传统服饰的装饰纹样也是设计师灵感的来源。无论是寓意吉祥的龙凤图案，还是象征富贵的牡丹花卉，这些纹样都蕴含着深厚的文化底蕴和民族情感。将这些传统元素巧妙地融入现代设计，不仅能让服装更具东方韵味，还能让人们在视觉上感受到传统文化的魅力。中国传统服饰在发展过程中，融合了大量少数民族服饰的样式和装饰形式，进一步丰富了其设计元素。不同民族的服饰，都有其独特的款式和纹样，这些元素为设计师提供了更广阔的创作空间。在今天的设计创新中，挖掘和传承这些宝贵的文化遗产，将其与

现代设计理念相结合，创造出具有中国特色、时代特征和国际影响力的优秀设计作品，让中国传统设计元素在新的时代背景下焕发出更加绚丽的光彩，为世界设计艺术的发展贡献中国智慧和中国方案，具有重要的价值。

设计是一种思维方式和生活态度，它包含了创意、美学、功能性和文化背景等多个方面。每一件设计作品背后，都有一段独特的故事和历史，这些故事和历史正是设计概念的重要组成部分。了解设计的故事和历史，对于从事设计工作的人来说，具有非常重要的意义。它不仅可以帮助我们更好地理解设计的本质和目的，还可以激发我们的创意灵感，提升我们的设计水平。同时，通过对设计细节的深入探究，我们还可以发现设计中隐藏的美感和价值，从而更好地满足人们的需求和期望。

让我们一起探索设计的奥秘，感受设计的魅力，让设计成为我们生活的一部分，为我们带来更多的美好和惊喜。

目 录

第一章

小设计
改变历史

　　设计是一个创造性的思维和实践过程，旨在解决问题和满足需求，强调通过特定行为而达到某种状态，其物化成果即设计作品。在我们的生活中设计无处不在，无论是穿衣吃饭还是坐卧出行，每时每刻我们都在和设计打交道。各式各样的设计作品丰富了我们的生活，让世界变得多姿多彩。各类具有实用性和创新性的设计作品，不仅是人类智慧、经验、知识和创造力的结晶，更是推动社会发展和进步的重要力量。很多设计作品的出现和发展演变，在不断提供生活便利的同时，也在深刻地改变着我们的生活方式。了解和研究设计背后的故事，将为我们今天的生活和工作提供宝贵的启示和借鉴，为未来的设计创新和发展提供思路和方向。

　　在绵延 5 000 多年的中华文明发展过程中，中华民族以自身的勤劳智慧创造了众多闻名于世的科技文化成果，广为人知的便是我们为世界文明的发展和进步做出重大贡献的四大发明——火药、印刷术、指南针和造纸术。马克思在《1861—1863 年经济学手稿》中曾做出过这样的评论："火药、指南针、印刷术——这是预告资产阶级社会到来的三大发明。火药把骑士阶层炸得粉碎，指南针打开了世界市场并建立了殖民地，而印刷术则变成新教的工具，总的来说变成科学复兴的手段，变成对精神发展创造必要前提的最强大的杠杆。"中国的四大发明传到西方，为西方工业革命的到来提供了必不可少的条件，推动了世界的文明进程。然而，在这之前，有一个小小的、不起眼的设计同样来自中国，并且对世界历史的发展有着深远影响，这个小设计就是马镫。

一 // 胡服骑射

马的驯化历史可以追溯到非常遥远的过去，在大约5 500年前的中亚地区，人们已经开始驯化野马。这一过程是渐进的，起初人们可能仅仅将马作为食物来源，这与牛羊的驯化目的是一样的，但是马的驯养难度和饲养成本远高于牛羊等家畜，因此早期驯养马匹的地方大多水草丰茂。然而，随着时间的推移，人们逐渐认识到马的潜力和价值，开始利用其远超人类自身力量的畜力和机动快速的奔跑能力来服务于生产和生活，借助马来提升人类的迁徙效率。这种对于马自身价值的认识转变，有助于人类的交通出行方式，也在很大程度上改变了人类的生产、生活方式，同时拓宽了驯养马匹的族群和地域范围。在马、牛、羊等畜类早期的驯化过程中，部分以狩猎为生的部族逐渐转化为游牧民族，他们开始骑马出行、用马来承载或拉重物。游牧民族的出现、繁衍和发展同马的驯化有着割裂不开的关系。为了更加便捷、安全地役使和驾驭马，各种马具应运而生。例如，缰绳、马鞭、套索和马鞍等的出现，都在不同程度上改善了人与马的互动关系，降低了驾驭马的难度，使得马能够在更广的维度上参与人类的日常生活。但是，作为马具中重要组成部分的马镫，其出现时间却比较晚。

在我国古代，直到春秋时期，战场上的马大多是用来拉战车的，战士们利用马的力量和速度拖着战车高速移动，利用手中的武器以居高临下的姿态对敌人进行攻击，并通过车体给作战的士兵提供一个可移动的攻防能力兼具的作战平台。战车的出现大大提升了这一时期军队的战斗力。各国的军队在认识到战车的价值后，都致力于打造一支强大的战车部队，并结合战场的需要，在车上配备不同的武器和防护用具。根据用途的不同，战车可以分为攻车和守车两种类型。攻车主要用于攻击敌人，守车则主要用于防御。在战争中，战车的数量和质量往往能够对胜负起到决定性的作用，因此各国都十分重视战车的制造和改进。《孙子兵法》中说："凡用兵之法，驰车千驷，革车千乘，带甲十万，千里馈粮，则内外之费，宾客之用，胶漆之材，车甲之奉，日费千金，然后十万之师举矣。"其中提到无论是作为高速机动的"驰车"（攻车），还是披覆装甲的"革车"（守车），都是军队中的核心战力。当然，建造战车、训练战马、步车协同、后勤补给等都需要花费大量钱财，所谓"车甲之奉，日费千金"，战车的数量也就成为衡量一个国家国力的标准。古人以一车四马为"一乘"。《韩非子·孤愤》记载："万乘之患，大臣太重；千乘之患，左右太信：此人主之所公患也。"《论语·学而》记载："道千乘之国，敬事而信，节用而爱人，使民以时。"两篇古文中的"千乘""万乘"都是在用车马来喻指一国国力。在这一时期，马匹战斗价值的发挥是通过与战车的结合来完成的，因此其所需要的马具主要是套索、车架和缰绳，只有当骑兵出现时，才会对马镫有需求。

中国古代的骑兵作战要从战国说起，"胡服骑射"是我们所熟知的历史故事。战国时期的赵国，为了发展国力，在赵武灵王的推动下，通过借鉴北方少数民族的骑兵战术和习惯，改穿"胡服"、练习"骑射"，走上了强军之路。骑射，顾名思义，即一种通过士兵骑行，快速机动，以弓弩射击袭扰敌人的作战方式。相较于战国时期中原各国步卒或战车对战，这种作战方式灵活机动的特点被发挥得淋漓尽致，使赵国获得了更大的战场优势，助其一跃成为当时的一支强大力量。实行胡服骑射之前，赵国和中原其他国家一样以笨重的战车为军队的主力，受国家财力所限，在与中原其他国家的竞争中处于劣势。改革过后，公元前306年，赵国打败中山国攻下宁葭城，控制了东出太行山的重要通道。随后，"至榆中，辟地千里""北破林胡、楼烦"，赵国实现了向西攻取与秦、林胡接壤之榆中地区的重大胜利，使得当时的虎狼之秦备感压力。再后来，赵国向北打败游牧民族林胡，战败后的林胡王不得已向赵武灵王献出大片的土地和他们所驯养的良种马来换取和平，赵国至此成为敢于同强秦相抗衡的国家，这些成就的取得都应该归功于"变俗胡服，习骑射"。这场以"胡服骑射"为肇始的军事改革，不仅帮助赵国建立起强大的骑兵战队，推动了当时整个中原诸国对于骑兵作战方式的改革，从一定程度上来说也为后来的秦国扫灭六国和汉朝实现农耕民族击败北方游牧民族的丰功伟绩提供了可资借鉴的经验。

学习这段历史时，相信很多人都曾有过这样的疑问：既然赵武灵王胡服骑射的军事改革所倚重的是骑兵作战，那为什么只有骑射而没有骑兵冲锋陷阵呢？毕竟骑射是类似于游击作战的形式，虽然能够帮助军队建立战场优势，但却没有重装骑兵正面冲击敌阵的作战形式所具有的决定战局的能力。个中原因其实很简单，那便是这一时期马镫还没有被设计和生产出来，战场冲锋陷阵的重任还是由战车和类似于魏武卒这样的重装步兵来承担。

马镫，就其构造而言非常简单，是置于马鞍两侧起固定骑手足部作用的套环，通过绳索和马鞍相连，供骑马的人上马或骑行的时候踩踏，给身体以支点，帮助骑手保持平衡。我们可以想象一下，在快速行进而又上下颠簸的马背上，如果缺少了马镫这一帮助下肢获得稳定性的着力点，哪怕再熟练的骑手，也无法完全解放自己的双手，着重甲盾牌和持握长刃冲锋陷阵的。因此，骑射是在没有马镫的条件限制下，发挥骑兵作战快速、灵活、机动特点的最优解。

战国时期没有马镫可以在秦始皇陵兵马俑中得到证明。位于今陕西临潼的秦始皇陵兵马俑是研究战国时期社会、军事、服饰、科技的重要资料库。秦始皇陵兵马俑的典型艺术特点就是写实，无论是人物和战马的比例，还是服装、装备、装饰细节，都在力求真实再现历史的原貌。秦始皇陵兵马俑俑坑中出土了大量的士兵俑、将军俑、马俑和战车，它以写实的技法真实记录和再现了那个时代的军队构成。在众多出土的马俑作品中，简单的马鞍、缰绳、套索等细节都得到充分表现，但是，所有的马俑无一例外，都没有刻画马镫，这足以证明直到秦朝马镫还没有出现。

‖ 秦始皇陵兵马俑陶鞍马
秦始皇兵马俑博物馆 ‖

在中国北方，秋冬季节游牧民族生活区域的牧草被大雪掩盖，作为游牧民族食物来源的牛羊如果消耗殆尽，游牧民族就会面临生存危机；长城以南的中原农耕民族，在秋收过后，储存了大量的粮食准备过冬，物资充足。这两种生活方式的不同，导致每到秋冬季节万物肃杀，游牧民族便会大举南侵掠夺。到了西汉时期，随着秦末农民起义及楚汉争霸动荡局面的结束，中原内部战乱逐渐平息，中原王朝和周边少数民族的矛盾逐渐上升为主要矛盾。随着战争对象的改变，原来在中原战场上占据绝对主角地位的战车、步兵部队便失去了优势。由于敌人相对分散、机动性强的特点以及战场距离遥远的不利形势，骑兵逐渐成为战争中的核心力量。西汉的统治者为骑兵的训练和装备提升投入了大量的精力和资源，克服千难万险通使西域找来良种战马，这不仅是因为骑兵具有快速机动的特点，能够迅速部署和应对敌情，还在于骑兵在战争中能够发挥强大的冲击力和战斗力；此外，这也促进了骑兵战术和装备的发展。汉朝骑兵的强大，造就了霍去病"封狼居胥"、逐匈奴于漠北的丰功伟绩。但是，无论是文字记载、出土文物，还是画像石、画像砖，都没有马镫出现的证据。在司马迁所著的《史记》中，对汉武帝时期的名将霍去病、李广等的描写都是"善骑射"，可见这一时期的骑兵作战方式还是骑射（战士一只手驾驭战马，另一只手持兵刃杀伤敌人），当然也从侧面印证了这一时期马镫还没有被设计出来。

到了东汉时期，中原王朝和西北少数民族之间同样有大量的战争发生。公元73年、公元89—90年的两次汉匈之战，汉军所向披靡，出塞几千里，迫使匈奴西迁。但是，各种历史资料中，同样没有对马镫是否出现和应用进行记载。1959年发掘的河南密县打虎亭2号东汉双墓（东汉弘农太守张伯雅及妻墓葬，时间为公元51—57年）中，有一幅骑猎场景壁画非常值得研究。壁画中表现了一个骑手骑马狩猎的场景，马匹四蹄腾空跃起，骑手左右手均持有物品，没有拉住缰绳，仅靠骑手的双腿紧紧夹住马身。如果不借助马镫，这一动作是很难完成的。因此，有学者对东汉时期是否有马镫持怀疑态度，认为最可能的是软质的马镫，如绳子或藤。

‖ 河南密县打虎亭2号
东汉双墓墓道壁画 ‖

二 // 金戈铁马

马镫在中国出现最早的直接证据，是在长沙金盆岭出土的"骑马奏乐群俑"中的一件俑塑作品。通过观察该作品不难发现，在马身的左侧有着一个明确的马镫造型。马镫只出现在了单侧，另一侧没有，说明这一时期的马镫可能更多的是辅助骑手上马，马镫对驾驭者身体的稳定作用还没有得到真正的发挥，其发展也还不成熟。这件陶俑作品在进行细节刻画时采用泥条造型的方式表现马镫，但因作品尺寸和工艺的限制，并未很直观地表现出马镫的材质特点。不过，陶俑中马镫下侧以刻意的横向线条表现，据此可以推断其应为硬质马镫。在该墓中，出土了阳文篆书墓砖，上面印有"永宁二年五月十日作"的文字，考古专家据此认定这是西晋惠帝永宁二年（公元 302 年）的作品。这件陶俑中的单侧马镫便是中国马镫出现的最早证据。

‖ 骑马奏乐俑
长沙金盆岭出土 ‖

单侧马镫的应用为双侧马镫的出现奠定了基础。真正的双侧金属马镫考古实物，是 1965 年在辽宁省北票市北燕墓葬中出土的一组铜鎏金木芯马镫。在墓葬考古发掘中同时出土了 3 枚显示墓主人身份的印章，分别为"大司马章""车骑大将军章""辽西公章"。通过对各种史料的考据，墓主人为北燕宗室大臣冯素弗，其去世时间为公元 415 年。这件文物的出土，说明中国最晚到公元 415 年，就已经有了真正意义上的双侧硬质马镫。

‖ 铜鎏金木芯马镫
北燕冯素弗墓出土 ‖

至于中国以外的其他国家，马镫的出现相对都要更晚一些。首先，我们了解下欧洲文明的源头，在古罗马的图拉真纪功柱浮雕作品（公元113年）中，艺术家以写实的技法表现了当时跟随图拉真皇帝东征西讨的罗马军团。浮雕中对战马的描绘非常写实，清晰地刻画了马背上的坐垫、套索和缰绳等细节，但是没刻画出马镫。在古罗马及之前的马其顿王国，无论是向东远征印度的马其顿亚历山大国王，还是后来横扫欧洲、中亚、北非的罗马军团，国王和士兵在出征时，因为没有马镫，都只能用双腿紧紧地夹住战马，忍受颠簸之苦，想一想那场景还是很让人唏嘘的。

‖ 图拉真纪功柱浮雕（局部）‖

到了公元3世纪，在伊朗法尔斯地区萨珊王朝的一件浮雕作品中，表现了波斯国王沙普尔一世（公元240—270年在位）接受跪在地上的罗马君王瓦勒良（瓦莱里安）投降（公元260年）的场景。浮雕中骑马的沙普尔一世，腿部自然下垂，足尖向下，没有支撑，说明这一时期在波斯是没有马镫的。既然浮雕中表现的内容是罗马和波斯处于战争状态，那么双方的军事装备应该有充分交流的机会，波斯雕像中没有马镫，侧面说明这一时期的罗马同样没有马镫。在另外一件表现萨珊王朝国王库思老一世（公元531—579年在位）狩猎场景的金盘浮雕中，骑马的国王腿部同样是自然下垂的状态，足尖向下，没有支撑，说明直到这一时期马镫还是没有在波斯出现。

‖ 萨珊王朝墓浮雕
　 伊朗法尔斯地区 ‖

‖ 国王库思老一世狩猎场景纹金盘
　 萨珊王朝 ‖

公元580年，拜占庭帝国提比略二世训练战马的记载中，终于有了欧洲最早的关于马镫的文字记载。欧洲马镫实物的出现是在公元6世纪的匈牙利阿瓦尔人的墓葬中，阿瓦尔人据信是柔然人的后代，而柔然人和中国有着密切的联系。因此，我们有理由推断，马镫很有可能就是在中国和北方各游牧民族的交流、战争、迁徙过程中，从中国逐渐向西传入欧洲的。

马镫的出现对骑兵的发展和古代的战争形式产生了深远的影响。在马镫的支撑作用下，骑兵可以更稳定地驾驭战马，这为骑兵战斗能力的提升、骑兵战术的丰富发展提供了更大的空间。与双侧马镫相伴而生、有前后护挡的高桥马鞍，使得骑兵在急停或加速奔跑时不易从马背滑落，进一步提高了骑手在驾驭战马时的稳定性和安全性。这种稳定性的提高，使骑兵能够更好地发挥其战斗力，而不再受限于双手必须紧握缰绳，骑兵的作战能力得到了根本性的提升。马镫的出现还促进了其他武器的改进和新型武器的出现。例如，青龙偃月刀和方天画戟等需要双手持握的武器在马镫普及后得到了广泛的应用，这些重型武器进一步增强了骑兵的作战能力。身着盔甲、手持长刃、勇猛冲锋的骑兵成为那个时代的装甲部队，具有强大的冲击力和战斗力。马镫出现后，中国的战场上曾出现叱咤风云的唐朝玄甲军、沙陀骑兵，宋辽金时期的铁林军、铁浮图、背嵬军，元朝的怯薛军，明清时期的关宁铁骑等。以金国的铁浮图为例，其战士和马的铠甲较为厚重，且以三人为伍，用皮索相连，配合战马奔跑起来之后的冲击力，相较于当时的辽、宋军队具有碾压性的优势。可以说，马镫是骑兵发展史上的一个重要里程碑，"胡服骑射"最终被"金戈铁马"代替。马镫的出现对古代社会产生了深远的影响，不仅提高了骑兵的稳定性和战斗力，使骑兵在战争中的地位日益凸显，也带来了一系列的社会变革。

三 // 骑士阶层

马镫在提升古代战场中骑兵作用的同时，也带来了另一个现象，那就是一个国家能否建立一支强大的骑兵军队，成为一国战斗力强大与否的重要标志。而骑兵所需要的战马、铠甲及武器等花费巨大，建立和维持骑兵部队需要一个国家有强大的财政作为支撑。一个骑兵的所有装备，包括马、鞍鞯、缰绳、马镫、剑、矛和甲胄，需要耗费大量金钱打造。在西方的中世纪，有一则材料提到，公元761年一个叫伊萨哈德的人，为了参军作战，卖掉了祖上所有的土地，还卖掉了一个奴隶，才换得一匹马和相应的装备。而一个奴隶加上一大片土地，按照中世纪的物价水平，大概是20头公牛，足见一个骑士战马和装备的花费之高。另外，饲养战马和维持其较高的训练水平也需要花费大量金钱。在我们所熟知的引发欧洲中世纪社会崩溃的小说——西班牙作家塞万提斯所写的《堂吉诃德》中，主人公堂吉诃德作为一名骑士，他勉强还能骑上一匹瘦马，可是他的仆人桑丘呢，连马都骑不上，只能骑一头驴，为什么？因为养马太贵了。

秦始皇在统一六国之后，便建立了强大的中央集权制国家，后世王朝可以通过统一的税收，集中国家财力供养骑兵队伍。有了这样的经济基础，中国历史上骑兵的战力确实影响了某些朝代的国运，但是并未从根本上影响国家的组织架构，没有出现类似欧洲的骑士阶层。中世纪的欧洲，所面临的却是完全不同的情况，强大的宗教禁锢了文化、阻碍了社会发展，分裂后的西罗马帝国仅在查理曼大帝时期有过较为短暂的统一。割据一方的封建君主，既没有知识又没有统治技术，更缺乏有效征税的能力，只能通过分封的方式，将国土交由一个个封建领主代为掌管，其条件就是如果发生战事，领主们必须自备武器、战马为君主作战。当时的欧洲统治者，如果不通过分封，便没有办法筹集供养骑兵部队的费用，于是便形成了层层分封和分层效忠的局面，整个欧洲的分封制就这么出现了。作为封建领主的骑士阶层也随之建立了起来，成为后来阻碍欧洲经济和社会的发展，需要借助中国的"火药"去打破的社会阶层。而这一切的源头，与那件小小的设计——马镫有着割舍不开的联系。当然，这里并不是要对马镫的影响进行价值判断，而是通过分析去发现设计在人类社会发展过程中的影响，同时明确在分析设计作品时，不能够单纯地就其表面所呈现的形式、材料、风格等进行分析，需要用多维视角，发现设计发展背后的影响因素和设计对生活的影响。

四 // 马镫与现代设计

在骑士阶层确立之后，以"名誉、坚毅、虔诚、礼仪、忠诚、谦卑、骄傲"为核心价值的骑士精神也随之形成。骑士精神成为西方文化中的重要组成部分，对西方社会生活产生了深远的影响。这种影响不局限于骑士阶层本身，还渗入西方社会的各个领域。这种精神的传播和弘扬，不仅影响了人们的思想观念，还对文学、艺术、影视等领域产生了深远的影响。在设计领域，以骑士形象、马镫等元素为设计创新点的作品层出不穷。这些作品不仅具有历史意义和文化价值，也展现了设计师对传统元素的巧妙运用和创新思维。例如，在建筑设计方面，许多建筑师运用骑士元素来设计雕塑、装饰物或建筑立面，以展现出一种古典与现代相结合的美感。在服装设计领域，设计师则通过运用骑士元素来打造独特的款式和风格，使服装呈现出独特的魅力和气质。此外，在影视制作中，骑士元素也经常被用作创作的灵感来源。将骑士形象与现代科技相结合，可以创造出令人惊叹的视觉效果和场景，使观众身临其境地感受骑士精神的力量和美感。

奢侈品品牌爱马仕，其初始就是专门生产和售卖马具，在其转型成为高端日用品品牌之后，各类马具元素始终是其重要的设计创意来源，成为其品牌形象和设计风格的重要特点，其中马镫也是重要的创意元素之一。爱马仕品牌从整体品牌形象到产品设计细节，再到其独具特色的专卖店装饰设计，无不彰显着其深厚的以"马文化"为核心的品牌底蕴。爱马仕传统的马车标志是一辆欧式双人座四轮马车，由主人亲自驾驭，马童随侍一旁，而主人的座位却虚位待乘。这一标志的含义是其从经营马具缘起的悠久历史和尊重消费者的品牌传统，通过虚位以待的驾驶座，传递出产品的价值和特色需要由使用者去书写和定义的思想。

在我们日常生活常见的设计之中，以马具、马镫等元素为灵感的设计创新屡见不鲜,东风雪铁龙品牌旗下的天逸C5 AIRCROSS汽车就是其中的一个典型代表。设计师巧妙地在驾驶室两侧和进气格栅下方融入了马镫元素,以此展现独特的创意。在设计之中,巧妙地提取马镫元素,采用借代的创意表达方式,将中世纪骑士的战马与现代都市人的座驾相融合,寓意着驾驶这款车的人如同中世纪骑士一般,有着坚韧不拔、刚毅果敢的品格和忠诚于家庭与事业的特点,也寓意着这款车是值得信任和依赖的伙伴。这样的设计理念不仅赋予了汽车更深层次的文化内涵,也展示了东风雪铁龙对品质的不懈追求。

通过对马镫这一小设计的溯源,我们可以发现每一个设计的背后,都有着丰富的故事,每一个设计完成后,都会给人类社会的发展带来或大或小的影响。设计的历史中,每一个不同类型、不同风格的设计作品,可能就像当年那个传到欧洲的"马镫",我们不知道它们会怎样发展。但是,不能否认,眼界、知识和综合性的创新思维是每一个当代人必备的。希望每一位热爱生活、热爱设计的人都能够找到自己的"马镫",成为自己的骑士。

第二章

美石为玉

在对设计进行界定时，如果将有目的、有计划地改造世界的行为作为设计的基本特征，认可设计的目的是满足人的需求，则那些原始的经过人手稍加打制、琢磨，满足人的工具需求、适应原始生产需要的旧石器理所当然就是设计的起点。单就形制而言，以当代人的眼光去看待远古某件特定的旧石器，难免给人以简单和粗陋之感，然而，恰恰是这种粗陋的石质工具，标记了原始先民认识和改造世界的起点，成为人类起源的实证。自石器时代每一次工具造型的蜕变都凝聚了人类无尽的智识与创造力。那些看似粗犷、质朴的石质工具，不仅见证了人类从原始走向文明的漫长历程，更深刻体现了人类自身在技术和文化上的飞跃发展。在这些工具的背后，隐藏着古人对自然界的理解和改造世界的决心，它们是人类智慧的结晶，也是文明进步的见证。

　　石器时代是人类文明的孕育期，这一时期的时间跨度长达数百万年。人类在石器时代经历了漫长的发展历程，从旧石器时代、中石器时代到新石器时代，逐渐从原始的狩猎采集生活方式过渡到了农耕文明。在旧石器时代，人类主要使用打制石，通过简单的加工制作出各种工具和武器，用于狩猎、切割和刮削等。这些工具的制作技术比较粗糙，但却是人类最较早的制造活动之一，为人类文明的发展奠定了基础。随着时间的推移，人类逐渐学会使用弓箭、网和陷阱等狩猎技术，提高了狩猎的效率和安全性。到了新石器时代，人类社会发生了翻天覆地的变化，农业生产开始出现，人类开始培植作物、饲养家畜，逐渐摆脱了狩猎采集的生活方式。这一时期的工具和武器制作技术也取得了较大的进步，可以使用磨制石器制作出各种形状和功能的工具，如犁、镰刀、斧头等。同时，人类也开始使用制陶、纺织等手工业技术，为生活提供了更多的便利和舒适。石器时代的发展奠定了人类文明发展进步的基石。在石器时代的发展过程中，从茹毛饮血到桑麻农耕，人类逐渐摆脱了蛮荒蒙昧的状态，积累了丰富的知识和技能，为后续的人类文明发展提供了重要的支撑和推动力。

石器时代是人类社会演进的起始阶段，随着人类生存能力的提升和工具的进步，其社会组织形式也逐渐从母系氏族向父系氏族过渡。"生存还是死亡"，这样的命题在这个时期表现得万分真切，族群的生存和繁衍始终是这一时期的核心命题。在这一宏大的历史背景下，对物质世界的偶然认知、对材料的创造性应用，以及主动对自然物进行形制上的微小革新，都可能成为推动一个族群乃至整个人类进步的关键。在这个过程中，人们开始意识到材料的重要性和创造性应用的可能性。通过对自然材料的探索和创新应用，原始人类逐渐掌握了制作工具的基本技能，从而提高了生产效率和生活质量。这些工具不仅是物质文明的产物，更是人类智慧的结晶。从最初的粗犷实用，到后来的精致美观，工具的演变见证了人类对美的追求和创造。原始设计，以工具生产为核心内容，经历了从萌芽到初步发展的历程，不仅展示了人类的智慧，更初步建构了中华民族最早的审美范式——"美石为玉"。

‖ 原始石器 ‖

一 ∥ 原始设计的产生

　　当我们的祖先尝试用双脚站立，艰难地支撑起整个身体，步履蹒跚地探索这个世界时，他们可能偶然使用过很多的"工具"。例如，用自然形态的石头去敲开坚果的外壳，以取得其富含油脂和氨基酸的果仁；捡拾起折断的树枝或兽骨，与豺狼虎豹搏斗或捕猎其他的动物……这类对周遭世界现成材料的利用，还不是真正意义上的"工具"设计，但已经是带有目的性的设计行为。我们需要注意的是，彼时人类与周遭世界的生存抗争充满着不确定性，甚至经常是失败的，每一次的失败所面临的可能就是生存的绝境。人类在这场输不起的生存抗争中慢慢体会到对某些材料的利用所带来的积极影响，积累了对某些特定材料和造型的认识。一旦人类头脑中萌发出需要某种特定"造型"工具的意识，并通过改造某一自然形态的石块的本来样貌，将其制作为符合某种特定目的的形式，第一件设计作品就诞生了。之后，随着人类认识和改造世界能力的不断增强，人类得以开始在更深、更广的程度上认识和改造外部世界。

　　早期的石器加工是对材料认识、选择、利用、改造的过程。旧石器时代的人类，仅仅是自然旷野中普普通通的一分子，与自然界里的其他动物相比并没有什么明显的不同，甚至从某些视角看来，人类显得那么弱小。人类没有尖锐的利爪、没有锋利的牙齿，跑得不快、跳得不高、游得很慢，更不会飞翔。但人作为天地间能动的改造者，通过一次次对周遭世界的感受、认识、理解和改造，开始获得了其他物种所没有的意识的自觉。要知道，自然界中的其他任何一种动物都不会通过敲打石块去制作工具，它们仅仅会利用自然物的某种特性，而不会能动地改造。而正是这被加工了的石头帮助人类获得了更有利的生存条件。借助制作原始石器的活动，人类主观意识开始觉醒，人类自身也由自然的参与者变身为自然的改造者。

　　人类对于工具的制造可能是偶然的，甚至可能经历过很长时间的停滞不前，但是其总体向前的趋势不可遏制。人类通过制造工具并将之应用于生产活动，获得了更高的生产效率。例如，被打制得有刃的石器，便于剥开坚韧的兽皮；尖状石器，可以轻松地敲开坚果的外壳；单手持握的或许略显粗笨的单刃砍砸器，用于敲开大型动物的骨头。从简单制作的打制石器，到多次打制的石器，再到石器与木柄结合的组合石器，最后出现的经过精细加工的磨制石器，这些陪伴和见证人类社会发展的原始工具，其每一次造型、加工方式的改变，都是人类长期经验总结和实践的结果。

到了新石器时代，在工具生产过程中，制作的手法也不再局限于敲打、砸击这样笨拙的方式，磨制、打孔等更为精细的加工方式已经在实践中得到发展，这些初步成熟了的加工手段——切、磋、琢、磨，是人类改造世界能力提升的表现。在工具的深入加工过程中，原始人类进一步加深和积累了对造型形式的理解。锋利的弧形刀刃、直而尖锐的箭矢、制作组合工具时穿绳用的圆形孔洞，这些设计在实用功能的基础上所带来的效率提升，是美感形成的基础。早期的造型美感体验和作为工具所必需的效用是紧密联系在一起的。比如，经过精心打磨的石器，展现出平滑、纤薄且曲线完美的弧形刃部，与旧石器时期刃部粗糙、厚重的石器相比，这种新型石器在切割作业上展现出显著的效率优势。这种效率的提升不仅体现在狩猎或农耕劳作中的实际效益，更在无形中催生了一种独特的快感，在精神层面上为人们带来了全新的美感体验。这种美感并非单纯源于外观的精致，而是它与实用性的完美结合。当人们在使用这些石器时，能够感受到它们所带来的便捷与高效，这种体验本身就是一种深层次的美学享受。这种将实用与美观完美融合的设计理念，为后世的设计艺术发展奠定了坚实的基础。

从偶然的发现到自发的尝试，再从初步的自觉到对形式规律的归纳总结，石器工具造型在这一时期的演讲和制作方式的转变，在今天看来可能只是形制和工艺上的微小改变，但我们必须认识到，在社会发展尚处于初级阶段的时代背景下，每一次对形式、材料和工艺的探索与革新都具有深远且重大的创造性意义。这些微小的改变不仅是人类智慧的初步显现，更是推动社会进步和文明发展的重要动力。在工具制作的过程中，人们开始关注形式美感和实用性的结合，尝试将自然形态与人工形态相融合，这种探索精神为后世的艺术设计提供了宝贵的启示。因此，我们应该时刻提醒自己，不要低估这一时期石器工具造型演进和制作方式转变的价值和意义，这些看似微小的改变，实际上是人类智慧的结晶，也是推动社会进步和文明发展的重要力量。

体察这一时期的设计演进历程，我们需要不断地将自己放置到那个以万年为计量单位的历史中，去体悟每一次工具形式、材料、工艺的细微改变都包含了多少代人在漫长历史中的经验总结。在生产工具和获取生活必需品的过程中，人类已经能够依靠自己的双手和智慧去改造、去开拓属于自己的世界，成为自然演进的历史长河中唯一具有自主意识的物种，从匍匐到直立，迈开自己坚实的脚步，坚毅前行。

二 ∥ 石器形式演化

人用自己的双手，将自然石材第一次打制成型，不论它多么简陋、多么不美观，都蕴含着人类原初的创造力，同时体现着人认识和改造对象的技巧和能力，是未来所有创造活动的起点和最初成果。石器被加工和利用，以加工之后的造型所带来的效率提升为推动力，推动着原始工具造型的演进。人通过每一次的工具造型改变的实践行为，累积对造型的认识，进而推动下一次造型的改良，而在效率提升后，收获更多劳动成果所带来的快感，逐渐凝结成为最初的对于美的感动。在制造工具的过程中，人类逐渐积累和总结出合规律性的形式认知，美感也就孕育在此类形式的演进之中。那些尖锐的、直线的、圆滑的、弧线的造型，通过漫长的积累，形成了最早的"美"的形式记忆。石器的产生，提高了人类的生存适应性。与工具制作几乎同时，人对精神世界的探索活动也拉开了序幕。

到新石器时代，原始先民开始以自身对材料的认识和掌握为基础，以旧石器时代所感悟和积累的初级形式美感认知为导向，按照美的规律磨制石器和祭祀用的礼器。作品的制作工艺日渐成熟，加工水平更高，体现着人类强大的自我完善能力。从偶然到自发再到自觉，从原始造型的稚拙到形式规律的归纳总结，原始设计的发展历程展现了人类强大的认知能力。

在原始石质工具的制造过程中，中国的设计衍生出两个不同的方向。一个方向，以形而下的方式，注重对材料的加工能力，并以此获得生产效率的提升，发展为工具设计，强调功能性；另一个方向，是以形而上的方式，增加了人类在工具制造过程中对材料质感的体悟，通过对石材原始质地的利用和在长期的劳动过程中工具与人身体的密切接触，石材形成了润泽的质地，从而上升至艺术审美层面，发展出"玉"的美学认知。后来，玉成了中国工艺美术的一个重要类型，中国也形成了特有的玉文化。

从第一个方向看，相较于旧石器时代打制石器的粗糙外形，新石器时代的石质工具在造型上更为精美，其经过精细加工形成的光滑的表面质感，也更能够同自然状态的石块区别开来。这一时代的石器，根据功能的需要，大多经过磨制或钻孔成型，体现了更为精细的加工工艺。苏州张陵山、草鞋山遗址出土的新石器时代石斧，器身已经表现为经过精细打磨后的状态，特别是作为砍、削用的刃部经过精心加工，其最薄处的厚度仅为 2 ~ 3 毫米。器身上有经过打磨成型的圆孔，而圆孔的作用是让绳索能够穿过器身，将其与木质或骨质把手牢牢地固定在一起，通过这样的方式提升工作效率。圆孔的形制非常规整，边缘处打磨细致，代表了这一时期较高的加工工艺水平。

‖ 苏州张陵山、草鞋山遗址石斧、石铲
南京博物院 ‖

从第二个方向看，在石质工具被利用的漫长历史中，古人对工具的长期使用和对其材质的接触，日渐上升为情感性的体悟，进而发展为审美情绪。例如，藏于中国国家博物馆中的玉钺，在造型上还保留了原始工具的特征，但其作为礼器的价值已经完全消融了其工具意义，上升为社会意识的象征物，是作为社会意识产物出现的初始形态。值得注意的是，玉钺整体采用了左右对称的造型，其上的圆孔同造型上的近似方形的形制相配合，方与圆，成为那个时代较为常见的组合形式。

‖ 玉钺
中国国家博物馆 ‖

石器，作为工具，在原始先民的手中，首先经过制作过程中的敲打琢磨，加之在使用过程中浸润了劳动者的血汗，变得愈加莹润，变得不再是简单的石头，而称其为"玉"。在后来金属材料出现后，由于石质工具对比金属不再具有效率的优势，其易用性也更弱，人们生产和狩猎时使用的工具变成了青铜或铁质，但中国古人始终没有放弃对石头的热爱。这是因为，正是那不起眼的石头，伴随了人类几十万年的发展历程。在石质工具的利用价值逐渐弱化之后，我们转身去追问石头的存在价值和尊严究竟在哪里，就在这追问之中，我们看到"美"发生了。

山东省五莲县丹土地区发现的玉环，是新石器时代龙山文化遗址典型玉饰，也是中国新石器时代具有典型意义的玉环造型。我们可以看到原始先民对形体的光滑规整、形式的统一匀称有了早期的朦胧理解，将其作为典型造型形式加以表现。这类在装饰品和祭祀礼器上的自觉加工活动，同前面提到的原始先民对所制作工具的合规律性的形体感受所体现出来的初级形式美感认知不仅有着漫长的时间距离，而且在性质上也呈现出明确的差异。"劳动工具和劳动过程中的合规律性的形式要求（节律、均匀、光滑等）和主体感受，是物质生产的产物；'装饰'则是精神生产、意识形态的产物。"[①]劳动工具的制造、生产活动与种族繁衍一起构成了原始人类发展的基础；精心雕琢的装饰品和后来通过黏土塑造的具体形象则是包含艺术、宗教、哲学等在内的上层建筑。

‖ 玉环 山东省五莲县丹土龙山文化遗址出土
中国国家博物馆 ‖

新石器时代，从石质工具的制造到玉的审美发现的过渡是中国独特工艺美学发展的方式，其发生有以下两方面的原因。

一方面，从材料自身的审美意义角度看，自然界中存在的每一块石头都饱含了大自然的鬼斧神工，其材质、色泽、形貌、肌理各不相同，具备成为审美对象的潜质。部分石材的质感，同人在使用石器的过程中人的血汗浸润所形成的肌理之间的相似性成为玉之审美的最初形式。玉器的加工过程实际上是在寻找其肌理与使用过的工具表面肌理的相似性的过程。石器时代的"玉"并没有特指某种特定材质的石料，我们可以看到在苏州草鞋山遗址出土的玉璧和玉琮，其材料质地和色泽同普通的青石并没有太大的区别，没有体现出后来所特指的玉所具有的莹

---

① 李泽厚.美的历程 [M].北京：生活·读书·新知三联书店，2009：2.

润质地和美丽色泽，以某种特定质感的石料为玉是后来才发生的事情，这一时期的玉真正体现了"美石为玉"的时代特色。

另一方面，从人和材料对象的关系看，长期的石质工具使用的历程，使得人对于石材有着深切的情感。现代考古所发现的原始玉器中有很大一部分同新石器时代的工具造型是一致的，后来才逐渐演变为从工具造型中抽象出来的圆形、方形等几何化的造型形式，或表现为从动物造型中抽象出来的象征性造型。中华民族的祖先用玉璧、玉琮等表现为抽象造型的玉器祭天、礼地、敬祖，既有对祖先创造石质工具、使用石质工具保证种族延续的礼赞，也暗含了对石材材质美的发现和情感介入，即所谓物的人化。这种玉的审美发现，体现了中国设计的发展过程中人对材料自身美的肯定，不夸大人作用于材料上的技术因素，其中蕴含着中华文化独特的审美方式。

‖ 苏州草鞋山遗址玉琮
南京博物院 ‖

玉——石之美者，被人们以一种舍不得丢弃的心情，以感谢、珍惜的眼光去看待，中华民族的独特艺术也就此产生了。那些被吃掉了肉之后剩下的骨头，被钻孔制成了骨笛；被剥下来的动物皮被蒙在木桶上制成了鼓；已经不再作为工具使用的石头，被悬挂起来变成了磬……丢弃，是我们现代人常做的事情，是人对他觉得没有用的东西的一种态度，而有用与否更多的是人看待对象的态度。在青铜器出现后，作为工具使用的石器在其功能性消失了之后本可能变成被丢弃的东西，但是古人对其珍惜的态度使其变成了装饰，石器之美者而为"玉"，进而有了玉钺、玉铲。石器时代，演化出中国人对材料之美的感动，引导着我们去"琢""磨"。圆孔、方形等形制，演化出中国人对形式美感的体悟，成为中国礼天、祭地时使用的玉璧、玉琮。

《诗经》曰："有匪君子，如切如磋，如琢如磨。"在中国最早的诗歌中，以对玉的加工过程来喻指君子之风，是对君子品行的喻指，将两者进行链接，也是对玉之美的礼赞。璞玉经过切磋琢磨才称为玉，人刻苦学习、磨炼意志以提升自己的学识和品行，方能成为君子。《礼记·聘义》曰："孔子曰：夫昔者君子比德于玉焉。温润而泽，仁也；缜密以栗，知也。"这里孔子拿玉的材质特征与人的品质对比，将君子的品德用玉"温润而泽"的感受特点来类比，将君子的智慧用"缜密以栗"的质地特点来类比，完成了物的人化过程。直到清朝，当我们看到清朝曹雪芹所著的《红楼梦》中的"通灵宝玉"，也还是一颗女娲补天所剩之石，其暗含的可被利用的价值是其成为宝玉的灵性之源，可见石和玉的转化过程在中华美学传统中的价值和地位。

‖ 玉雕人头像
陕西榆林神木石峁遗址出土 ‖

三 ∥ 玉的审美与中国设计之美的价值认知

玉的审美是如此重要，以至在此还要引申出一个看待不同文明的艺术视角的问题。面对古埃及金字塔、狮身人面像，以西方的视角观之体悟到的是其形制的高大雄伟，是人类改造世界能力的彰显，强调的是人施加在材料之上的作用、雕刻巨型雕像的能力和技巧，这一视角所见是人类对于外部世界的征服。如若以中国传统审美文化的视角，在面对狮身人面像时，映入眼帘的却是其粗糙的表面肌理背后所经过的历史风霜，以及鼻子破损的部分所显露出来的原始材质与雕琢部分的对比之美，是人、自然和历史共同作用在对象之上的痕迹，是无数人的生命投射于其上的超然物外的美。同样的例子我们可以从中国的音乐艺术中发现，中国记录音乐的方法与西方有着很大的不同，中国古代乐器被称为"八音"，即金、石、丝、竹、匏、土、革、木，它们分别对应的是不同材质的乐器，材料被用作记录音乐的符号，而不是以人加在乐器之上的和声、对位进行记录。中国审美的独特性便在于此，即不断以人的全部感官和智慧发现材质的特性，并将其作为美感的表达方式。当我们用水墨在宣纸上作画的时候，水和纸相互交融所产生的肌理效果，仿佛让我们看到了用"木"这一材料所制作的纸在水的浸润之下又活了过来的过程，水、墨和纸的材料结合是中国书法和绘画艺术的重要支点，而西方绘画的审美方式却重在造型能力的彰显和对于真实空间的模仿。这些都印证了中外对待审美有着自己独特的认知视角，侧重点的不同导致了审美出发点和评价方式的差异。因此，当我们重新审视中国的设计史或艺术史，我们应该首先确立正确的评价体系和观察视角，重新去发现属于中国设计艺术的独特审美价值。

不同于其他文明，中国后来发展了材质经由人的作用以及时间的沉淀而生发出来的特殊审美，我们可以将其理解为在设计中着重表现了对自然、对生命的感动。每一块石头都饱含了自然和历史的沉淀，"美石为玉"——多么朴素的审美认知，毫不夸大人作用在对象上的技术因素，不强调人的造型能力和造型技巧在作品中的呈现。每一个从石头到玉的过程，都是原始先民在生活中带着美的心情去发现的过程，是重新认识自然和人类自身历史的过程。玉，在视觉艺术之外发展出了独特的触觉艺术，成为物我交融的载体。

"美石为玉"这一审美观念的形成过程是生命对周围环境从领悟理解到以谦卑的态度处之的过程，而发现物质自身所蕴含的美，则是中国人在后来做设计时重要的美的表达方式之一，所谓"天人合一""师法自然"是也。"美石为玉"，正是我们在石头中照见了自己。人和石等材料同属于自然，石材本身的材质特点被人发掘并加以利用，成为工具材料；石材的肌理质感的美被人审视和欣赏，成为中华文化以自然为对象而衍生出"天一合一"美学精神的起点。

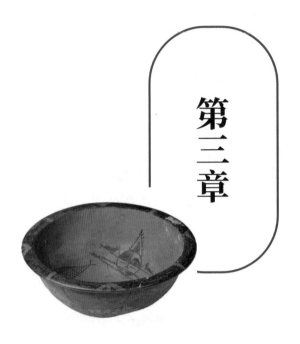

第三章

原始陶器设计中的
创新密码

1993 年 6 月 23 日，国际奥林匹克委员会总部所在的欧洲小城洛桑（瑞士西南部城市），为新落成的奥林匹克博物馆举行了隆重的开馆仪式。这里展出了申办 2000 年奥运会的 6 座城市送来参展的各自国家的珍贵艺术品。当参观队伍来到中国北京选送的秦始皇陵兵马俑、汉朝金缕玉衣、唐朝鎏金银盘、明朝凤冠、清朝皇帝的龙袍等文物面前时，众人对这些代表中国文化的艺术珍品赞不绝口，认为它们是代表中国的"申奥大使"。在这一众文物中，最古老的是一件拙朴的陶器——陶鹰鼎，它造型厚重，看上去萌趣十足，成为中国申奥文物中的排头兵。

陶鹰鼎，是新石器时代的陶器，它的高度为 35.8 厘米，口部直径为 23.3 厘米，器腹部分最大直径为 32 厘米，其造型为一只驻足站立、凝神欲飞的雄鹰，两条腿和下垂至地面的尾部形成了三个稳定的支点，类似于三足鼎的造型，因此定名为陶鹰鼎。作品所刻画的雄鹰身体健硕有力，造型浑厚大气。鹰眼圆睁，注视前方，似乎是在等待时机捕食猎物；喙部呈现弯钩状，刻画形象生动，以简练的造型手法突出了猛禽特点；双腿粗壮有力，一对翅膀贴于身体两侧，延伸至尾部。作品整体明快有力，充满了强烈的体积感和艺术张力，形成了一种向外膨胀的内在力量。欣赏这件作品时，无论从哪个角度观察，都能够感受到其慑人的威猛气势。鼎口位于雄鹰造型的背部与两翼之间，紧密结合背部弧形曲线，将老鹰的动物造型美感与鼎巧妙地融合为一个整体。新石器时代，以动物为陶装饰纹饰的作品屡见不鲜，但以鸟类为造型塑造器物却并不多见。陶鹰鼎不仅是一件具有实用功能的陶器，更是一件不可多得的珍贵雕塑艺术作品。

‖ 陶鹰鼎
中国国家博物馆 ‖

　　关于这件陶鹰鼎，还有一段有趣的故事。1957 年，陕西省华县太平庄一位农民，在村东自家田地里犁地过程中，意外地发现了一件陶器，其通体为灰黑色，为一个鸟的造型，但是，他并不知道自己发现的是一件国宝，见这件器物背部中空，可以做一件家什，就在结束一天的劳作后，随手带回了自己家，用作喂鸡用的鸡食盆。将陶鹰鼎用作鸡食盆，他家的鸡可遭罪了，看着这威猛的老鹰，平时都不敢靠近，只有饿极了才转到陶鹰鼎的背面吃食。这国宝被当鸡食盆使用了一年，到了 1958 年秋，来自北京大学历史系，由考古专业师生组成的一支考古队在距离太平庄不远的泉护村发现了一处仰韶文化时期遗址，继而在周边展开调查。此时，他便主动告知考古队自己曾挖到一件陶器，并将陶鹰鼎交给考古队。后经考古队在陶鹰鼎的发现地继续考古，发现了一座新石器时代成年女性的墓葬，并在墓葬中陆续出土了十多件骨质匕首、石圭、石斧和陶制生活器皿等文物。按照当时的丧葬制度，骨质匕首、石圭等物品通常是作为祭祀礼器来使用的，陶鹰鼎可能也与当时的祭祀活动有关。鉴于其所蕴含的独特艺术性和实用性，现收藏在中国国家博物馆。2022 年 1 月，该鼎被列入《首批禁止出国（境）展览文物目录》，而且排名第二。

　　陶鹰鼎，如果抛开其艺术性不谈，单论其制作工艺，它是一件陶制工艺作品——陶器，是用手工将黏土或陶土加工成型后，经烧制而成的器具。不同于石器、骨器等改变材料造型的加工方式，陶器的制作，是人类第一次运用化学的方法，通过改变材料的性质而完成的设计活动。作为人类早期生活中主要的日用器皿，陶器被视作原始人类生活中最伟大、最杰出的创造而载入史册。制陶技术出现后，制陶工艺快速发展，各种不同类型的陶器纷纷出现，满足了原始社会人的多样生活场景需求。在加工制作陶器的过程中，工艺水平和烧制技术不断进步。人类的造型能力、认识改造自然的能力以及分工协作水平得到进一步提升，为后来的冶炼技术和青铜文明的出现奠定了基础。

陶器是原始的，又是永恒的，在当下，陶器仍然是一类广受人们喜爱的工艺品，在建筑设计、室内装饰、园艺设计中被大量应用。

一 // 陶器的产生

陶器的起源只能通过考古研究。由于时间的久远、环境的变化以及科技的限制，今天从陶器中所获取的信息注定是不完整的，因而无法确定陶器最早产生的确切年代和最先产生于哪个文明。2012 年，北京大学考古文博学院吴小红教授和张弛教授等在美国《科学》杂志上发表了有关"中国仙人洞遗址两万年陶器"的文章。研究结果证实，江西省万年仙人洞遗址出土的陶器制作时间距离现在约 2 万年，这是迄今为止中国境内已知最早的陶器，也是世界已知最早的原始陶器标本。

火的使用和掌握，是人类文明发展和身体条件进化的必要条件，也是陶器产生的第一前提。人类在诞生之后，有别于自己的近邻黑猩猩将技能点全点在敏捷和力量上，我们的祖先差不多将自己所有的技能点都点在了智力上，似乎认为智商越高越好。不过，其他动物同样是经过几百万年的进化发展而来的。如果智力真的那么好，那为什么没有出现会算数的鱼或会编程的恐龙呢？为什么只有人类演化出了庞大的会思考的大脑呢？而且，我们人类最初不但没有因为有个大脑袋而生活变好，反而带来了沉重的负担，如为了撑住一个不成比例的大脑袋，我们改成了站立的姿势，这样的结果是我们承受了腰和颈椎部位的疼痛，好处是解放了双手。大脑的消耗较大，为了解决能量消耗问题就需要通过部分肌肉的退化和寻找更多的能量来满足，而且要承担大头颅所带来的分娩风险。直到有一天人类掌握了火。"早在大约 80 万年前，就已经有部分人种偶尔使用火，而到了大约 30 万年前，对直立人、尼安德特人及智人的祖先来说，用火已是家常便饭。"[1] 掌握火和吃熟食的人类，迅速登上了食物链的顶端。懂得用火，原始人走到哪里

---

① 赫拉利.人类简史：从动物到上帝 [M].林俊宏，译.北京：中信出版社，2014：12.

都是先放一把火，烧完之后就会发现满地的烧烤。经过烹饪后的食物不仅杀灭了细菌和寄生虫，还大大缩短了进食咀嚼的时间，减少了肠胃消化的负担，使得人类的肠道变短、牙齿变小，腹部变得平坦，在形体改变的同时匀出了更多的能量供应大脑。火的使用，是人类第一次突破了身体的限制，进而利用自然的力量。在中国，懂得用火的燧人氏，是"三皇"之首；在古希腊，盗火的普罗米修斯是人类的创造者。可见，无论是东方还是西方，都非常看重火在人类文明发展过程中的作用。

火，在给人类的夜晚带来光明、为人类提供熟食促进大脑发育的同时，也为刀耕火种的定居生活奠定了基础，而定居和农耕生活，又催生了对日用器皿的大量需求。定居生活，固定的生活场景，又反过来促进了生产经验的积累，使得人类对于加工制作陶器的基础材料——土、水、木有了更深刻的认知。原始农业的生产过程中，人接触最多的物质就是土、水和植物——土是制作陶器的基本材料，水是使土获得可塑性的关键，而植物既是食物的来源又是燃烧所不可或缺的材料。有了这些基础，陶器的出现就仅仅是时间的问题了。陶器的烧成温度是900～1 050℃，普通柴草充分燃烧时即可达到这一温度。当然，长时间保持稳定的高温环境对于原始人来说并不容易，需要建造窑炉、保持空气流通等，这些都需要长时间的经验积累。

中国拥有世界上最悠久的农耕文明，中华民族对土地的熟悉程度无与伦比。这种深厚的农耕文化背景，使得中国陶瓷文明得以高度发展。陶瓷作为一种与土地紧密相关的工艺品，不仅仅是物质的创造，更是文化的传承和表达。因此，中国发达的陶瓷文明与对土地的深厚情感和农耕文化的积淀密不可分。

二∥原始陶器设计创新密码破译

（一）创新源于生活

从陶器的器型设计来看，现存的原始陶器大部分是球形或半球形。这不仅仅是受到陶器加工技术的制约，更是与原始人的生活经验紧密相连。在原始社会，人们对自然界的观察和体验是非常深刻的，而球形或圆形在自然界中广泛存在，如太阳、月亮、果实、山洞等，这些都与原始人的生活息息相关。球形或圆形在原始人的生活中所传递出的信息往往是正面、积极的。白天的太阳带给人们温暖和光明，方便人类外出采集或狩猎；而夜晚的月亮则能够让原始人在丛林或旷野中更好地发现危险。同样，树上的球状野果为人们提供了充足的食物，帮助人们抵御饥饿；而圆形的山洞则可以作为庇护所，抵御野兽和严寒的侵袭。此外，圆形的湖泊或池塘提供了人类赖以生存的水源，而母亲隆起的腹部则预示着生命的延续。在人类掌握制陶技术之后，理所当然地用球形这一在原始人生活中象征着光明、美好、充实的造型形式作为陶器的基本形式。这种设计不仅符合原始人的审美观念，更是对原始人生活经验的深刻反映。因此，从陶器的器型设计中，我们可以窥见原始人的生活经验、审美观念以及对自然的敬畏之情的融合。

从陶器的装饰内容来看，各种装饰纹样和图案，同样来源于人类早期生活中较为熟悉的造型元素，如绳纹、席纹、锯齿纹、水纹、火焰纹、鱼纹、蛙纹和花瓣纹等，都是原始人日常视觉经验的积累和捕炼。即使在陶器后来的发展过程中，部分纹饰产生了更深刻的引申意义，经历了简化、重组、变形和抽象的过程而变得形象模糊，有别于我们日常所见的，但其源头仍然可以追溯到生活中较为熟悉的部分。

在当下的设计工作中，尽管我们的设计师拥有了更科学的设计方法、更多元的设计手段和更先进的设计工具，但很多设计作品却不再能触动人心，许多设计师也经常感到缺乏创新的灵感。究其原因，可能正是因为我们不再像原始先民一样，将设计创新的根基深植于生活的沃土之中，从而割裂了设计与生活之间的紧密联系。在原始社会，设计是与生活紧密交织的，生活中的每一个元素都可能成为设计的灵感。而如今，许多设计却充斥着大量为创新而创新的元素堆砌，这些设计往往缺乏真实的情感和生活的共鸣，无法引起人们心灵的共振。因此，对于设计师而言，回归生活、关注生活中的细节和情感，是寻找创新灵感的关键。只有真正将设计与生活融为一体，从生活中汲取灵感并将其应用于设计中，才能创造出触动人心的作品。这正是原始陶器设计给我们带来的第一个创新密码——设计关注生活，从生活中来，到生活中去。

（二）创新是有意识地对世界进行探索的行为

在考古学中，有一个术语叫作文化层，指的是在古代人类文化遗址中，由于人类活动而留下来的生活痕迹、遗物和有机物等所形成的堆积层，特定的文化层代表着一个特定的时期。考古工作正是从地层堆叠顺序上正确划分出上下文化层的叠压关系，其背后是文化演变的时间维度。在考古工作中，通过对不同历史阶段文化层所发现信息的比较研究，去发现和认识一个文化类型的发展和演变，并形成序列关系，为找到文化发展的规律性提供科学依据。例如，下图中的三件陶器便是磁山文化遗址不同地层中出土的炊煮器。第一件为直筒造型的炊煮器——盂，其地层时间为距今约 8 000 年，器身上装饰有水波阳纹，既有装饰的美感，又能够在移动时为手部提供摩擦力，增加稳定性；其下部有三个可移动的支脚，能够为柴火的燃烧提供合适的空间，让其充分燃烧，提升炊煮效率。作为炊煮器，盂直上直下的造型非常不利于拿取，在食物煮熟后，想要移动它是要受到高温考验的。在第二件中，笨拙的直上直下的造型，被球状带外翻沿口的釜造型替代。有了沿口，哪怕是釜中装满滚烫的热水，只需要用绳索做一个套扣，便可以非常方便地将其提起，而不会被烫伤，不得不说这是一个非常好的注重安全性和使用便利性的设计创新。有了这一沿口的创新设计，原来为增加摩擦力而设计的阳纹水纹装饰没了实用性，也就逐渐消失了。到了第三件，原本不固定的支脚被固定在炊煮器腹部的足替代，支脚和容器融合为一体，成为我们所熟悉的鼎，这一造型的改变，带来的是使用的便利性。

‖ 炊煮器 河北省邯郸市武安磁山文化遗址出土 ‖

从以上三个炊煮器造型改变过程，我们可以深入了解古人在设计创新中的思考。他们不仅关注使用安全，还充分考虑使用效率和便利性。原始陶器造型的每一次改变，都带有明确的目的性，反映出古人对世界的积极认识和改造。这三个炊煮器同属于一个文化遗址，看似简单的造型改变，却跨越了 2 000 多年的时间，这表明，一个创新的背后是长时间的经验积累和不断尝试的过程。因此，我们可以说每一个创新都不是偶然的，更不是一蹴而就的，它需要设计师具备敏锐的观察力和深入的生活体验，有意识地探索世界，成为生活的有心人。

（三）创新源于对生活需求的满足

在原始社会，由于生产力水平不高，陶器的制作技术相对较为简单。在这种情况下，陶器的用途往往是多元化的，一款陶器可能同时具备多种功能。以陶碗为例，它既可以用来盛装食物，作为餐具使用，又可以作为舀水的工具，用于饮水。当原始社会开始出现剩余谷物，人们开始酿酒时，陶碗偶尔还可以作为酒杯使用。随着时间的推移，生产力水平逐渐提高，陶器的制作技术也日趋成熟。这使器物的功能出现了细分和固化，即特定器物逐渐发展出专门的功能。例如，原先用于盛装食物或饮品的陶碗，其功能逐渐被细分，出现了专门用于饮酒的酒杯。这种酒杯的造型与原先的陶碗有所不同，以适应其专门用途。在龙山文化的黑陶器皿中，我们可以看到制作精巧的高脚杯。这种杯子虽然也用于盛装饮品，但其使用场景固定为酒器，这进一步证明了器物功能的细分和固化趋势。高脚杯的出现凸显了古人对于饮酒这一行为的重视，继而围绕着饮酒这一活动，在世界各地形成了丰富多元的酒文化。

这一演变过程揭示了随着社会和技术的进步，人们对于器物的功能和造型要求越来越专业化。这不仅提高了器物的使用效率，也反映了人类对生活品质和审美的追求不断提高。对于当下的设计创新，功能性的满足已不再是问题，功能细分、差异化、个性化正成为设计创新的方向。以我们日常穿的鞋子为例，有日常用鞋、运动鞋、正装皮鞋、防水鞋、增高鞋等。运动鞋又细分为跑步鞋、健步鞋、网球鞋、篮球鞋、足球鞋。篮球鞋按造型分有高帮鞋、中帮鞋、低帮鞋；按缓震功能又分为气垫缓震鞋和机械缓震鞋；不同品牌又推出各自明星系列款球鞋。商家通过提供不同的功能、款式的鞋子来满足不同人群的需求。在为各类鞋子设计的宣传广告中，出现频率高的词是时尚、潮流、经典，而是否舒适、脚感如何却很少被提及，这正是差异化、个性化在设计创新中应用的结果，并因时尚元素的不同形成了不同的潮流亚文化。设计的这种从出现、成熟、细分到上升为文化现象的过程，是在陶器设计中早已蕴含的设计密码。当下的设计，更需要我们时刻关注消费者差异化的需求变化，并通过设计创新加以满足，在设计迭代中不断地丰富设计内涵，形成具有高黏性的文化认同。

（四）创新的核心是人

陶器设计是典型的原发式创新，它与石器、木器、骨器等材料加工有所不同。陶器设计的核心在于将水、火、木、土四种元素进行巧妙的结合，通过化学的方法改变材料的性质，创造出全新的产品。在这个过程中，人的作用是至关重要的。中华文化中有着朴素的人本观念和独特的创新观念，认为人与天地一样都是可以创造的。《中庸》中的一段论述，阐明人的本性和创造性之间的关系："唯天下至诚，为能尽其性。能尽其性，则能尽人之性；能尽人之性，则能尽物之性；能尽物之性，则可以赞天地之化育；可以赞天地之化育，则可以与天地参矣。"这段话指出，人具有本性和创造性，能够充分发挥自己的潜力，进而影响周围的事物。在陶器设计中，人的创造性思维和技艺同样发挥了核心作用。这种观念突出了人在创新中的核心价值，强调了人的主观能动性在创造过程中的重要性。因此，无论是在原始陶器设计中还是在当下的设计创新工作中，人的创造力才是推动设计进步的关键因素。

（五）创新之艰，使得人对创造对象带有一种特殊的情感

在石器时代，人们发展出了"美石为玉"的中式审美观念，将美丽的石头视为珍贵的材料，用于制作各种工具和饰品。随着人类社会的发展，其他材料和工艺也逐渐兴起。其中，青铜器、铁器和瓷器等，逐渐取代了陶器在日常生活中的应用。陶器的作用逐渐降低，其在日常生活中出现的频率也相应减少。

然而，尽管陶器在日常生活中的作用逐渐减弱，但我们并没有完全舍弃它。相反，我们将制作陶器升华为专门的工艺美术形式——陶艺。陶艺成为一种独特的艺术形式，陶艺作品被人们欣赏和珍藏。它不仅仅是一种实用的器皿，更是一种个人情感和审美追求的艺术表达方式。陶艺的兴起和发展，反映了人们对美的追求和对艺术的热爱。在制作陶艺作品的过程中，艺术家将自己的情感和思想融入其中，创造出独特的造型和纹理。这些作品不仅仅是实用的器皿，更是具有艺术价值的艺术品。

三∥原始陶器设计中创新密码的现代设计应用

在当代设计中，有很多优秀设计案例的创新方法就来自原始陶器设计创新密码。下面我们就以四川美术学院新校区的设计为例，来了解原始陶器设计中的创新密码是如何被应用的。

2004 年，在四川美术学院大学城校区（即虎溪校区）规划设计之初，项目部就提出了"四个注重"的概念，即注重规划的艺术性、注重管理的规范性、注重环境的生态性和注重历史文脉的延续性。其中，环境生态和历史文脉是其设计的核心落脚点。

在四川美术学院新校区的规划过程中，采用低限设计和可持续设计的理念，应用"共生"概念将各类设计元素纳入创意之中，使时间、地域、场景、文脉等多种元素交融。建立人、建筑与自然的和谐共生关系是项目规划的目标，其达成策略分为四个层次：第一，与场地共生，是对场地原貌最大限度的尊重与顺应，将校园的功能需求与场地条件结合起来进行优化设计，使两者相互适应；第二，与时间共生，保留区域文脉，植入学校艺术基因，对校园做可持续生长空间设计，预留未来发展空间；第三，与地域共生，是根植于乡土的场所结构，对地域性元素做保留、转换与创造；第四，与校园精神共生，是对校园文脉的继承与发扬，塑造多层次、人性化交流空间。

基于上述理念，设计师团队同原来居住在这里的村民进行了深入沟通，最终在校园里保留了一家农户，其居所成为校园中为人所熟知的"老院子"，其院落保持原貌，其周边生活环境基本不变，其农家生活状态维持原状。就是这样一个大胆的举措，为整个校区的设计注入了强大的生命力，将四川美术学院的历史文脉同新校区所在地的历史文脉有机地联系在一起，将"志于道，游于艺"（四川美术学院校训）的艺术教育理念与田园牧歌的农耕文明进行了串联。

在项目设计建设过程中，设计师团队没有将项目地块单一化地整平，而是尽可能地保留了高低起伏的原始地貌特征，保留当地村社的一些水渠、断槽；没有将建筑拆迁后的材料当作垃圾丢弃，而是采取必要措施保存和二次利用了老建筑中的青石、古木等材料，以再现当地风情；在建筑设计中将有机主义的建筑设计风格贯穿始终，将现代校园建筑功能与西南丘陵坪坝地形相结合，创造出多样校园空间布局。

四川美术学院新校区的设计创新，是一次有意识、有目的的设计实践。设计师通过对建设基址的农耕生活形式进行深入研究，聚焦生活中熟悉的部分，将艺术学院的育人特点与中国传统农耕文化生活相结合。这种设计思路旨在形成宏观规划概念和设计理念，以指导具体的设计实践。

‖ 四川美术学院
　虎溪校区校园内农舍 ‖

‖ 四川美术学院
　虎溪校区油菜田 ‖

‖ 四川美术学院
　虎溪校区校园景观 ‖

　　设计过程中，将田园生活、育人功能、艺术空间与现代环境设计理念相结合，使生活在这一环境中的人得到精神的升华。这种设计理念充分体现了以人为本的原则，关注人的需求和感受，力求创造一种与自然和谐共生的艺术教育环境。在具体的设计手法上，设计师注重对乡土文化元素的发掘。设计师保留了院落、水渠、断槽，以及老建筑中的青石、古木等元素，完美地保存了原始的地貌、地形特征。这种设计策略不仅是对乡土文化的尊重和传承，更是将原有的功能性元素升华为设计中的创新元素。设计的初心正是源于对创造物的珍惜和不舍的情感。设计师通过深入挖掘和利用这些乡土文化元素，将之升华为设计的核心内涵，从而实现了从传统到现代、从功能到创新的转变。通过与乡土文化的结合，以及对原有元素的发掘，设计师成功地创造出一种既具有艺术气息又充满人文关怀的学习环境。这不仅体现了对中国传统文化的传承与发展，更是对现代环境设计方法的创新和拓展。

　　而这一切设计创新的落脚点，都是为了生活、学习在校园中的"人"——学生。同学们在校园内就能够感受到传统与现代的有机结合，在学习掌握现代艺术设计知识技能的同时，亲身体会和感悟中华传统文化之美。

第四章

疯狂原始人

　　2013 年，由美国梦工厂动画公司制作、二十一世纪福克斯公司发行的动画电影《疯狂原始人》上映。影片讲述了一个由六位成员组成的原始人家庭，他们在父亲的保护下生活，每天抢夺鸵鸟蛋作为食物，并竭力躲避野兽的追捕，到了晚上在山洞中听父亲讲述同一个故事，过着单调乏味的生活。然而，他们的生活因大女儿而变得不同。她是一个充满好奇心的女孩，与父亲的性格形成鲜明对比。她不愿意一辈子都留在这个小山洞里，而是渴望探索山洞外面的世界。突如其来的世界末日打破了他们平静的生活，山洞被毁坏，他们被迫离开家园，开始了一场全新的冒险旅程，以寻找新的生存之地。电影以三维动画技术制作，特效制作精良，画风拙朴，充满着原始的狂野之美。值得一提的是，在电影的开头和重要情节的转场衔接处时，都使用了融合电影情节内容的原始壁画作为创意元素。原始、粗犷的画面风格，吸引了观众的视线，使得电影票房连创佳绩。

　　原始壁画以及装饰在陶器上的图案是最早的绘画形式，其表现语言简洁、稚拙又生动，富有强烈的装饰意味，其画面内容向我们展现了一幕幕"疯狂原始人"的神秘世界。那些神秘壁画和彩陶图案所表现的具体所指今天已经无法做完整的还原，但是，对大量原始壁画进行比较研究，以及近现代人类学家对一些尚存的原始部落文化的研究成果，已经能够提供不同的视角帮助我们了解画面内容。

一 // 原始壁画及其类型

原始壁画是原始人在其居住的洞穴岩壁或其他岩壁上，采用硬物刻画或以矿物颜料、木炭等为绘画材料进行绘制的原始绘画。绘画内容主要是原始人的生活场景，且通常具有强烈的象征意义。世界上现存最早的洞穴壁画是在法国和西班牙的界山——比利牛斯山发现的洞穴壁画，为人们所熟知的是法国拉斯科岩洞壁画和西班牙阿尔塔米拉洞窟壁画。

1940 年，处在第二次世界大战期间的法国社会秩序受到了严重的干扰，各地都有大量的学校停课，地处法国西南部靠近比利牛斯山的多尔多涅乡村，无学可上的四个孩童带着狗在山地里追野兔。突然野兔不见了，追赶兔子的狗也不见了踪影，经过一段时间的寻找，孩子们才发现野兔和狗跑进了一个山洞。不知畏惧的孩子们带着电筒、绳索也相继进入洞中，在里面发现了一个庞大的画廊，这就是举世闻名的拉斯科岩洞壁画，被学者誉为"史前的卢浮宫"。

《野牛与鸟首人》是拉斯科岩洞壁画中较为著名的一幅，画面主体内容为受伤的野牛、鸟首人和鸟。一头野牛俯身低头撞上一个鸟首人，野牛的身体被一支长矛刺穿，肠子从腹部伤口处脱出，在鸟首人的左侧有一只鸟儿立在树枝之上。整个画面内容简单明了，无论是牛、鸟还是鸟首人都刻画得生动而传神，并对牛腹部的伤情、因恐惧或愤怒而高高翘起的牛尾、地上断裂的长矛等细节进行了描绘，整个画面是对某次狩猎活动的记录性表达。

‖ 野牛与鸟首人
　法国拉斯科岩洞壁画 ‖

通过画面内容，画家向我们讲述了这样一个故事：某天早晨，枝头的鸟儿鸣叫，原始部落成员开始了忙碌的一天，他们为了生存如常地收拾装备外出狩猎、采集。比利牛斯山附近的旷野中生活着大量的野生动物，其中常见的有野牛、野马、伊比利亚狼、欧洲棕熊、鹿等。猎人们一路跋涉发现了一群野牛，并开始了猎杀。他们在长期的合作中已经掌握了熟练的技巧，其方式是团队作战、分工协作，先通过制造噪声和投掷石块对野牛群进行驱赶，在不断追逐的过程中迫使身体较弱的野牛掉队，脱离牛群的保护，然后向落单的野牛投掷尖锐的木质长矛进行狩猎。今天，猎人们的表现堪称完美，一支尖锐的长矛精准地戳中了被围猎野牛的腹部。野牛剧痛难忍，疯狂冲撞，激烈的动作使得肠子从它腹部伤口处脱出，但它并没有立刻失去行动能力，而是变得更加疯狂，冲着一位将头部装饰为鸟头的猎人狂奔而去。猎人发现了危险，急忙躲闪，但是野牛速度太快，强大的冲击力撞折了猎人护在身前的长矛，并将猎人重重地撞了出去，猎人受了重伤，而后不治身亡。

图中人物的形态被图案化了，他长着鸟头，脚下还残留着断裂的木质长矛，被视为伪装成动物的猎人。古人狩猎时通过伪装成动物来接近猎物的做法在我们国家的少数民族中至今仍存在，如生活在东北地区的鄂伦春族狩猎时戴的狍头帽就是例证。学者认为该画可能是在表现某种观念或知识——当早上有某种鸟儿啼叫的时候，不要外出狩猎野牛，因为那预示着会有不祥的事情发生。在我们现在看来，某种鸟儿啼叫就不能外出狩猎是迷信的表现，但对于处于蒙昧状态的原始人来说，这就是一种朴素的知识。当然，这幅画也可能有某种纪念性目的，纪念某天狩猎中去世的族人。

这一时期的原始壁画遗存还有一些，如同在比利牛斯山脉属于西班牙一侧的阿尔塔米拉洞窟壁画，中国的新疆天山、内蒙古乌兰察布、甘肃白银岩壁画等。通过分析，这一时期的壁画，按表现内容主要可以分为纪念或纪事性壁画、传授知识的壁画、生殖崇拜壁画、宣泄情绪的仪式性壁画等类型。当然，就像上面所列举的拉斯科岩洞壁画一样，很多画面的内容丰富，包含了大量的信息，从不同的侧面进行研究能够为我们当下的设计创新工作提供丰富的原始资料。

二 // 彩陶图案及其分类

　　1979年，正月初八，河南省临汝县（现汝州市）阎村的李建安，在乡村集市上买菜的时候，偶然间听到一位老人说，他们村在整理苹果园的土地时，发现了好多陶片。说者无心，听者有意，李建安可不是个普通农民，他是当地文化站的文化干事，曾经参加过一些考古挖掘工作。他来到那位老人说的苹果园，在别人挖掘的树坑内捡到了一些红陶片。后来，他就亲自动手挖，一天之内就挖到了十三件颜色不一、大小不等的陶缸和尖底瓶。这些陶器大部分是素陶，没有任何装饰，唯独有一个陶缸上装饰着一只鸟、一条鱼和一把石斧，这就是鹳鱼石斧图彩绘陶缸。经过专家考证，该彩陶缸是一件仰韶文化早期作品，距今约5 000年，这件作品和同时出土的文物质地相同，为红陶砂质，是一件葬具。该彩陶缸高47厘米，口径32.7厘米，器身彩绘高37厘米，宽44厘米，是迄今我国发现时间最早、面积最大的陶画。鹳鱼石斧图彩绘陶缸的彩绘图案共分两个部分。左边部分所表现的是一只有着夸张比例的圆形眼睛和强健而长的喙部，身体健硕、两腿直撑地面的白鹳，它头部高高扬起，怒目圆睁，整个身躯向后微倾，显得非常有力，嘴上紧紧地叼着一条鱼。右侧部分画面所表现的是一柄石斧，石斧为竖立状，木柄上有两排共四个孔，用黑色线条表示的绳子穿过孔眼，将石斧紧紧地捆扎在木柄上，绳子的穿插缠绕方式被清晰地刻画出来，木柄上有一个十字形符号，手柄处为紧紧缠绕的黑色绳子，便于抓握。画面的动物造型具有强烈的象征意味，石斧造型写实。因件作品有突出的文物价值和研究价值，后由中国国家博物馆收藏，并于2002年被确定为首批不能出国展出的珍贵文物。

‖ 鹳鱼石斧图彩绘陶缸
中国国家博物馆 ‖

彩陶图案是原始装饰绘画的另一重要类型，其遗存和内涵更为丰富。彩陶，指陶器在彩绘图案绘制完成后入窑烧制，成品呈现出赭红、黑、白等多种颜色的陶器类型。彩陶的出现晚于素陶，是原始陶器发展的高峰。彩陶图案，是指在原素色的陶坯上，使用天然的矿物颜料进行描绘，经过高温烧制后形成的图案。彩陶图案类型风格、画面内容丰富多样，具有强烈的装饰美感，其中的想象、联想、共形、秩序化、抽象概括、借代、夸张等造型处理手法，在现代图案设计中仍然被广泛应用，是图形创意的基本法则。中国彩陶的发展约从 8 000 年前的老官台文化开始，绵延几千年，其中的仰韶文化和马家窑文化是中国彩陶文化的典型代表，有着丰富多元的作品。

作为一类古老的原始艺术，远古先民所绘制的彩陶图案是一种"自觉"的艺术行为，他们不仅创造出了美妙绝伦的装饰纹样，还结合器皿的类型和装饰部位，施以不同的装饰，使之与器型相适应，展现了杰出的才华和创造力。这些原始图案将原始人对自然的崇拜和对未知世界的敬畏之情表现无遗，传承着艺术，为历史建基。通过梳理，原始彩陶图案可以根据描绘内容大致分为四类。

●第一类——水生世界

在遥远的上古时代，原始先民为了获取水源的便利，往往滨水而居。水中的鱼、蛙及其他水生生物既是食物来源，又成为彩陶图案离不开的母题。仰韶文化的早期较多出现鱼纹、蛙纹等图案。鱼纹在后期逐渐变化、消失，蛙纹及其变体一直延续。

鱼纹在仰韶文化彩陶半坡类型中颇具代表性，与当时的经济生活有着密切的关系——半坡氏族农业和渔猎并重，鱼在其生活中有着重要的地位。在原始社会维持氏族的生存是第一课题，人类自身的繁衍和扩大再生产（即种族繁衍），是原始社会发展的决定性因素，因为鱼的繁殖能力惊人，将其作为原始图腾便有了合理性。半坡彩陶鱼纹多装饰于器物的肩部或内壁，早期多为单体鱼纹，晚期则更多地表现为复体鱼纹，即两条及两条以上的鱼纹组合。人面鱼纹彩陶盆为半坡彩陶的代表性作品，于 1955 年在陕西省西安半坡遗址出土。该彩陶盆是一件儿童瓮棺的棺盖，因此也是一件葬具。盆的内壁以对称的形式描绘了两组对称的人面鱼纹，人面的口部对称地绘制有两条鱼，与人脸重合的鱼头部分描绘为黑色，以透叠的方式将人面和鱼的造型进行了清晰的交代，双耳部分也是对称描绘的两条鱼。人面顶部有一个三角形的装饰物，似为高高束起的头发或头饰，配上鱼鳍形的装饰，显得华丽而神秘。人物额头部分有黑色涂饰，应该是某种文面习俗，眼睛细而平直，似闭目状，神态安详。人面由鱼合体而成，特殊的装饰和面部涂饰可能是在进行某种巫术仪式，鱼在人面的口、耳部出现，像是在请鱼神附体。盆底有空洞，似乎预示着亡者灵魂的飞升。人面与鱼的组合纹饰，似乎就在说明其部族的祖先就脱胎于鱼，且对墓主人有招魂、祈福、庇佑的寓意。也有学者认为鱼纹与人面构成人鱼合体，类似于古埃及鹰头人身的荷鲁斯（Horus），寓意鱼已经被充分神化，可能是作为图腾来加以崇拜的对象。

‖ 人面鱼纹彩陶盆
中国国家博物馆 ‖

● 第二类——花繁叶茂

彩陶图案中的植物纹包括花瓣纹、叶片纹和果实纹等。植物的花、叶片因其自身具有的丰富的造型和强烈的形式感，在描绘过程中非常便于进行装饰处理，形成简化、概括的造型语言和节奏韵律的形式美感。仰韶文化彩陶装饰中的植物纹通常与抽象的圆点纹、三角纹、弧线纹互为表里，难分彼此。到了马家窑类型时期，彩陶中的植物纹逐渐减少，仅在器口、器盖的装饰上能够看到少量花瓣纹的影子。到了半山、马厂类型阶段，植物纹又重获新生，其样式繁多、形式感强，成为这一时期彩陶中颇具代表性的装饰纹样。

垂弧锯齿纹瓮是马家窑文化彩陶的典型代表，瓮肩部及腹部以复瓣花形连续向外扩散的形式，呈涟漪扩散状绘多层垂弧纹带，以两条黑彩纹饰和一条红彩纹饰交替分布，黑彩垂弧纹上缘加绘锯齿纹，增加了图案的丰富性。彩陶器型规整，以俯视视角观察整体图案，其状如一朵盛开的花朵，图案造型饱满张扬，充满了生命力。2023年央视春节联欢晚会，通过绚丽的舞美效果为华夏儿女送上了一道精美的文化大餐。导演组以"满庭芳"这一中国古典文学词牌名为主题，通过舞台美术、全息投影、灯光视效等，营造出了颇具节日氛围、满庭芳华的视觉效果。节目制作团队以"满庭芳"为舞美设计核心理念，选择"花"这一元素作为贯穿整场晚会的视觉符号，其中取自垂弧锯齿纹瓮彩陶图案，由四瓣花结构演化重构而成的演播厅顶部艺术装置，既是根植于中华文明的美学创造，又是现代设计理念的创新呈现。创意取材正是距今 4 800 ~ 6 000 年的庙底沟彩陶标志性的"花瓣纹"。作为春节联欢晚会舞美主题的元素符号"花"，既有祈望中国欣欣向荣、吉祥喜庆的寓意，又体现着中华大地无处不在的生机活力。

‖ 垂弧锯齿纹瓮
甘肃省博物馆 ‖

● 第三类——驯化与野生

新石器时代，随着原始先民知识的积累和对生活空间内动物习性的认知提升，驯养家畜开始出现。在东亚地区较早被驯化的动物是狗和猪，而在西亚地区则是山羊和绵羊，畜牧业由此开始。这一时期，彩陶题材中出现了不少犬、羊、鹿等纹饰，反映了畜牧生活的特色。驯化家畜在彩陶图案中的出现，是原始图案设计题材中关注现实生活的重要表现，是当时生活的真实反映。到了青铜时代，我国北方地区的自然环境发生了非常大的改变，甘肃中东部一些原本适宜农业的地区的气候逐渐成为半干旱、半沙漠气候，人们的生存方式由农耕演变为畜牧和狩猎。

双勾纹，即用黑色在陶器表面绘出双勾曲纹，并在此基础上做纹饰形成组合图案，其弯曲的造型可能和羊角有关。双勾纹双耳罐上的羊造型和双勾纹饰，说明新店文化时期羊可能已经是被驯化的动物，饲养羊是部落重要的生产方式，羊成了重要的食物来源，于是羊和羊身体上最具有特征的角便成了彩陶上的重要图案。在我国文字的演变过程中，所谓"羊大为美"是众所周知的字义，有两种不同的意涵。第一种是强调以羊为美食，羊的个头越大，越能够满足人类生存的需要，同时其肉质也越肥美，在食用时能够带来美的味觉体验。后汉的许慎在《说文解字》中释义为"羊大则美",羊大之所以为"美",是因为其好吃。第二种是特指有权力、有地位的酋长或巫师,他们在举行原始宗教仪式的时候,会以羊角、羊皮进行形象装饰,其造型同其在仪式中手舞足蹈的动作、口中有节奏的低吟共同构成了强烈的视听冲击,被认为是艺术的起源。双勾纹和羊纹,在形式上强调线条的美感和象形,其出现是我国古文字发展的先声,我国的象形文字的发展正是通过各类装饰纹饰,在对生活经验的视觉积累之上逐步发展和成熟起来的。

‖ 双勾纹双耳罐(马家窑文化辛店期类型)
兰州市博物馆 ‖

● 第四类——鸟乘风行

鸟纹的出现可能同样源于信仰因素。自由翱翔的飞鸟,能够上天入地,很容易使原始人产生对上天使者的想象。鸟纹,在仰韶文化早期就已经出现,纹饰形象写实生动、传神,中期简洁、形式感强,呈现出图案化的趋势。到了仰韶文化晚期,鸟纹进一步图案化,部分只突出眼睛,鸟其他部位的基本外形逐渐褪去,表现为曲线飞扬、旋转如风,向水流漩涡纹饰的形态转变。马家窑类型彩陶中的鸟纹,多表现为对鸟式样,线条旋转缠绕,头部简化为圆点。

鱼鸟纹彩陶壶于1958年在陕西宝鸡北首岭遗址出土。彩陶壶的肩部生动地刻画了一只水鸟啄食一条鱼的场景。画面中的鸟刻画简练,正在用尖利的喙啄住鱼的尾部。被啄的鱼体型较大,其造型较为奇特,尾鳍有分叉,腹部鳞片巨大,身体修长,鱼的头部两侧有突出的鳍状物,其造型与龙山文化彩绘陶器上的盘龙纹有相似之处。鱼、鸟相斗,从画面所表现出来的情势看,鸟的表现为主动,鱼为被动。在前面的分析中提到过鱼和鸟在彩陶图案中都有图腾的意味,此图案的出现可能正是以隐喻的方式表现了鸟图腾氏族和鱼图腾氏族之间的争斗。或许鸟的部族已经在交战中占据了上风，他们已经深入鱼部族的腹地并发起进攻，由于鱼部族此时虽然实力尚存但已经落得下风，只能被动防守。

‖ 鱼鸟纹彩陶壶
中国国家博物馆 ‖

　　看到这个图案，我们不禁联想到鹳鱼石斧图彩绘陶缸，缸体图案中，鹳鸟叼着一尾鱼，鸟眼圆睁，炯炯有神。在鹳鸟的右侧，刻画有一柄立置的石斧。在作为葬器的陶缸上画一只白鹳衔一尾鱼，绝不单是为了好看，应该同鱼鸟纹彩陶壶一样，带有隐喻的作用。有学者认为，图案中的鱼和鸟同为氏族图腾，死者本人所属氏族的图腾为白鹳，而敌对氏族的图腾则是鱼。鹳鱼石斧图彩绘陶缸的主人可能是鹳鸟部族的首领，他生前应该英武善战，曾经高举那柄大石斧，振臂高呼率领着鹳鸟部族同鱼部族进行过殊死的战斗，最终取得了决定性的胜利。这一彩绘陶缸的烧制，正是为了纪念他生前的丰功伟绩，绘制于其上的图案，是对他的功绩的记录和颂扬。制作鹳鱼石斧图彩绘陶缸的工匠，把图案画幅做到尽可能大，以黑白这组较强的对比颜色，将白鹳刻画得威武有力——抬头挺胸、气势高昂，似乎是在歌颂本族的胜利，又将白鹳口中的鱼刻画得了无生气——身体僵直、俯首就擒，像在宣示敌方的惨败。鹳鱼石斧图彩绘陶缸的出土地河南临汝与鱼鸟纹彩陶壶的出土地陕西宝鸡相距几百千米，在距离如此遥远的两件彩陶上，选用题材相同的内容进行图案绘制，应该不是偶然现象，可能这两件作品所记载的正是中华文明在发展历程中所经历的族群冲突和融合的历史。

三∥原始壁画、装饰图案设计的意义和内涵

这一时期的彩陶装饰创造活动与当时人类进行的其他劳动并没有本质的不同，都是为了人类能够生存下来。只不过一个是为了满足肌体的物质需要，另一个是为了获得精神的庇佑，免遭超自然力量的危害；一个是物质性的生存满足，另一个是精神性的生存必需。彩陶的生产加工和图案装饰，对器物设计的合规律性和满足生活需求的造型感受与对器物进行装饰的自觉加工，两者在性质上有着根本的不同。前者的设计目的是现实的、符合生产生活需求的，其造型的演进和改造是合规律性的形式要求，造型的对称是生产效率提升的实利导向，其表面的光滑是使用过程中提升使用感的必然方向；后者则是幻想或想象的，是从现实生活中来但又高于生活的，是意识形态的产物，其发展不以效率的提升为导向，对日渐繁复的装饰造型和细节的追求是无止境的。

原始人所创作的壁画和彩陶图案既是原始的绘画表现和器物装饰，又大多具有传递信息的作用，其认知的功利目的大于审美意义。通过对其内容的分析我们可以发现，无论是形象本身还是形式美的产生，都是源于现实而又超越现实的，在这一过程中，人类的自我意识开始觉醒，并为后来的形式创造打下了坚实的基础。它们是早期艺术的一种表现形式，其内容和形式反映了人类在发展初期对美的追求和表达方式。这些图案和装饰往往体现了人们对自然、生活和外部世界的认知和理解，同时承载着他们的信仰、情感和价值观。那丰富的装饰图案内容，是人将自己的观念和思想外化，并通过图案的创作将之以丰富的形式语言凝结在装饰对象之上。当山顶洞人在洞穴的墙壁上用木炭、赭石等进行图案的描绘时，这种原始的物态化的描绘便成为人类社会意识形态建立和上层建筑形成的起点，它的成熟形态正是那装饰为鸟首、羊头的原始巫术符号，记录着远古、神秘的图腾活动。

原始壁画和装饰图案是人类文明的重要载体，它们不仅反映了不同地域、不同时代的文化风貌和发展情况，也展现了人类在历史长河中不断创造和演化的艺术风格和精神追求。大量的原始图案兼具社会功能，它们或用于祭祀等仪式，或用作意识形态及知识的传播媒介，成为部族内部沟通和交流的重要方式，通过图案和色彩等元素，传达出人们的思想情感。那些存于各地的稚拙、神秘的原始壁画和装饰图案具有非常高的研究价值，通过它们，我们可以了解人类历史的发展进程、社会结构、文化交流以及人类对美的认知和追求等方面的直接信息，此外它们为设计创新研究提供重要的资料和线索。那些"疯狂的原始人"所创作的原始壁画和装饰图案，体现了人类对美的追求、对自然的认知、对社会的理解以及情感表达等方面的价值，具有深刻的艺术和文化内涵。

第五章

老虎吃人

在中国漫长的发展进程中，我们的祖先用智慧和勤劳，为后世留下了无数珍贵的文化遗产。这些宝贵遗产，有的通过世代传承，至今仍然熠熠生辉；有的则经过文物发掘重见天日，让我们得以一窥过去的辉煌；还有更多的文物和历史遗迹仍然深埋地下，它们或许是一座座宏伟的宫殿，或许是一处处古老的墓葬，或许是一件件巧夺天工的工艺品，限于我们当下的科技水平和文物保护能力，那些被岁月掩埋的宝藏有待后人用更加先进的科技手段、更加严谨的考古方法去探寻。

在近代，由于中国国力的衰弱和战乱频发，我们祖先留下来的很多文物遭遇了前所未有的浩劫。列强的入侵、文物的倒卖、失序的社会……使得大量珍贵的文物流失海外，造成了无法估量的损失。这些流失的文物，每一件都承载着中华民族的历史和文化记忆，每一件都是我们民族的瑰宝。然而，时至今日，我们仍然无法将它们全部追回。这是我们每个中国人都应该永远铭记的历史教训，只有自己的国家强盛，才能保护好自己的国人和文化遗产。我们应该铭记历史，珍惜现在，努力发展自己的国家，提高我们的综合国力，只有这样，我们才能更好地进行保护和研究，让中华民族的辉煌历史和文化得以永续传承。

在众多流失海外的文物中，有两件青铜卣（分别藏于法国的赛努奇博物馆和日本的泉屋博古馆），这两件器物都表现了老虎用前爪紧紧抓住一个蜷缩在它胸前的人，并张开大口像要把人吞下，鉴于造型、纹饰的相近，两件作品有一个共同的名字——虎食人卣。

‖ 虎食人卣 左法国赛努奇博物馆藏，右日本泉屋博古馆藏 ‖

卣是上古时代祭祀的时候作为礼器使用的酒器，其基本形是一个有提梁的罐子。虎食人卣最早的记录见于罗振玉先生的《俑庐日札》。《俑庐日札》中提到一件藏于晚清名士盛昱家的青铜器："形制奇傀，作一兽攫人欲啖状，殆象饕餮也。"文中所描绘的正是现存于日本泉屋博古馆的那件虎食人卣。关于虎食人卣的发掘，被大家广泛认可的是其于晚清时期出土于湖南宁乡地区，后不知经过什么途径辗转流失海外。

法国赛努奇博物馆的虎食人卣，以一个坐立的老虎为器物主体，分别以虎尾、两只后足三点落地，提供了稳定的支撑，虎的身前塑造了一个人的形象，被老虎紧紧抓于两只前足之内。人物造型的整个躯体攀附在虎的胸前，面部扭向外侧，足部踏于作为器型支撑的虎后爪之上，双臂则贴于老虎的肩部。虎的头部制作为口部张开的状态，两耳竖起，张口獠牙，将人含于口中。日本泉屋博古馆的虎食人卣与这一件略有不同，其区别主要在于铸造时对于老虎牙齿的处理方式。藏于日本的虎食人卣老虎的牙齿各自分离，而藏于法国的虎食人卣老虎的牙齿则两两相连。另外，这两件器物在老虎耳朵、人物背部纹饰等的细节表现上也略有不同。这些差异说明两件器物并不是同一陶范所铸造的，而是分别铸造的。

基于虎食人卣造型所传递出来的视觉信息，学者从器物的造型、器物周身的纹饰、器物的文化内涵、作品装饰与同时代器物装饰纹样之间的关系等多种角度进行了不同的分析，其中，无法绕开的一个关注点是虎食人卣造型中最引人瞩目的老虎与人的关系问题。关于二者的关系，在众多观点中比较主流的有两种：一种认为"老虎吃人"，从作为猛兽的老虎给人的一贯印象（张开血盆大口）出发，结合青铜器常见的狞厉、神秘风格，认为人是老虎吃的对象，被吃的人可能是敌方的战俘或违反了权力制度的人；另一种认为"老虎拥人"，此观点从中国远古部落文化的发展渊源说起，认为虎纹在这里和彩陶上的鱼、鸟图案一样是部族的图腾，有护佑族人或虎人合一以获得某种能力的意味。下面我们以青铜器的产生和纹饰的意义为切入点进行分析，分析之后再进行评判。

一 // 老虎吃人——青铜器的出现和权力意识

青铜器是指以青铜为基本原料，经过做模、制范、熔炼、铸造、抛光等工序加工而成的器物。青铜，古称金或吉金，是在经过矿物筛选、熔炼加工的红铜中，根据不同器物的属性要求，按照一定的比例加入化学元素（如锡、铅、镍、磷等）形成的合金，因其铜锈呈现青绿色而得名。青铜在中国有着漫长而灿烂的历史，其盛行时期主要包含夏、商、西周、春秋、战国。这一时期，中国社会组织形式历经了由原始社会解体到奴隶社会的发展、繁盛再到崩坏的漫长过程。

青铜器在中国古代曾被广泛使用，从早期的武器、礼器逐渐过渡到工具、生活用品，深刻地影响了当时人们的生产生活方式。中国青铜器以礼器为代表，逐渐形成了独具特色的青铜文化，并以独特而丰富的器型、瑰丽的纹饰和典雅的铭文向后人展现了先秦时期的青铜铸造工艺水平、文化特点和历史源流，因而史学家称其为"一部活生生的史书"。

到新石器时代晚期，生产力的发展，以及人们在烧制陶器过程中对温度控制能力的提升、对矿石认识经验的积累等，为青铜时代的到来奠定了基础。迄今我国发现最早的青铜器是一把从甘肃东林马家窑文化遗址出土的青铜刀，它距今约5 000 年。

‖ 马家窑文化青铜刀
甘肃省博物馆 ‖

　　青铜器一出场便以武器的形象示人，当氏族部落之间发生暴力冲突时，率先掌握青铜冶铸技术和使用青铜武器的一方便占据了绝对的优势。此外，它还可以作为工具，辅助狩猎活动、满足生活需要。青铜武器出现之后，暴力、杀戮，部落之间的掠夺、兼并便旋即变得剧烈了，相邻部落之间开始因掌握青铜冶铸技术的先后而出现强弱的分化，弱的一方被兼并融合或被迫同其他的强势部落结成部落联盟。随着部落之间的兼并和部落联盟的扩大，原始社会内部成员相互平等的结构已经无法适应时代发展的需要。率先使用青铜武器的部族，在对外扩张的过程中财富积累速度惊人，部族的首领和有军功的战士率先成为有产者，部落联盟的内部成员之间逐渐产生了贫富分化。掌握大量财富的少部分人为了保护私有财产和维护自身的优势地位，开始建构暴力机器，国家就此诞生了。

　　与阶级分化和国家诞生相伴而行的权力观念就此登上历史舞台，人类历史进入了王朝时期。"王"字在甲骨文中为象形字，像斧钺之形，其意为掌握武力的人。《说文解字》对"王"字的解释："天下所归往也。董仲舒曰：'古之造文者，三画而连其中谓之王。三者，天、地、人也，而参通之者王也。'孔子曰：'一贯三为王。'凡王之属皆从王。"这一解释主要以董仲舒儒学观念中的天人感应理论对"王"字的内涵进行阐述，这样的解释方式背后所暗含的正是"凡王之属皆从王"这样的权力观念。暴力是每一个孕育新文明的旧文明的助产婆，人类从动物演化而来，在摆脱动物性的过程中采用了野蛮的、几乎动物式的手段，王朝的出现不是在温情脉脉的人道牧歌中完成的，战争就是这种最荒蛮的方式。青铜武器出现之后，战争越来越频繁，规模越来越大，残酷程度越来越高，"黄帝之难，五十二战而后济""牧野之战，血流漂杵"，炫耀武功和以武力为基础建构权利体系是暴力王朝出现之初的常态，而青铜器在这一时期便成为权力观念的标签。

青铜器与权力的联系在武器之后更多地体现在礼器之上，其中鼎形器是权力的典型象征。传说中夏禹王就曾铸造九鼎以昭示权力，《左传》记载："昔夏之方有德也，远方图物，贡金九牧，铸鼎象物，百物为之备，使民知神奸。"这是夏王朝九州一统之后，铸造铜鼎，昭示权威于天下。在西周时，曾以所用鼎的形制及数量代表贵族的身份等级。《春秋公羊传》何休注云："天子九鼎，诸侯七，卿大夫五，元士三也。"在毛公鼎、大克鼎等青铜鼎的铭文中都明确记载了周王对鼎主人封爵、赐金、铸鼎的内容，可见当时铸造鼎并不是随意为之的。在"问鼎轻重""定鼎中原"等成语之中，鼎便是中华文化中国家的象征、权力的象征。《史记·楚世家》中记载："（楚庄王）遂至洛，观兵于周郊。周定王使王孙满劳楚王。楚王问鼎大小轻重，对曰：'在德不在鼎。'庄王曰：'子无阻九鼎，楚国折钩之喙，足以为九鼎。'"在这则著名的问鼎轻重的故事中，所问者并非在关注真实的鼎之轻重，所答者也未言鼎，两者所关注的乃是国家权力，楚王问鼎之轻重，实则是对中央权力有觊觎之心。

在青铜器的各类装饰纹样中，饕餮纹是常见的一类。饕餮是传说中的一种食人的猛兽。《山海经》有云："钩吾之山，其上多玉，其下多铜。有兽焉，其状如羊身人面，其目在腋下，虎齿人爪，其音如婴儿，名曰狍鸮，是食人。"《吕氏春秋》有云："周鼎著饕餮，有首无身，食人未咽，害及其身。"宋代《宣和博古图》将这类兽面纹统称为饕餮纹。饕餮纹，其面目狰狞，其中兽的面部巨大而夸张，具有很强的装饰性，常作为器物的主要纹饰，后来青铜器上所出现的类似纹饰通常被称为饕餮纹或兽面纹。饕餮纹有的仅作兽面，有的刻画躯干、兽足，形式并没有严格的限制。饕餮纹盛行于商朝至西周时期，其夸张的造型是古人融合了自然界各种猛兽的特征，同时加以自己的想象而形成的。如果单纯从饕餮纹饰表达的是饕餮贪得无厌和吃人的含义，认定其出现于青铜器之上的目的是对平民进行威吓，这样的观点是不全面，也是不恰当的。饕餮纹作为礼器上常见的装饰，在很大程度上是作为瑞兽来祈求保护庇佑的，如出现在贵族墓葬中日用器之上的饕餮纹，并无威吓之需。当然，这可能也暗含对本部族的先祖通过暴力战争、野蛮吞并所建立政权的夸耀。就饕餮纹本身的含义来说，其吃人的嗜好正是这个时代的标准符号。从这一纹饰的造型处理方式和展现出来的形貌特点看，饕餮纹以对称性造型处理方式去彰显庄重严肃，以血口大张的兽面形象示人，具有明确的宣示权力威严的意味，是对那个权力登场时代的最好注解。

一些学者之所以认为虎食人卣造型所表现的是"老虎吃人"场景，正是基于对上述青铜器及其纹饰与权力之间密切关系的认知。再看那圆张的虎口、陷于虎爪之中麻木渺小的人像，可不就是权力的彰显吗？

二∥老虎拥人——原始图腾，部族的守护者

人类古文明各支脉在发展过程中，都曾经历过一个图腾的时代，将自然界中具备人类所不能拥有的某种能力的动物作为本部族的崇拜对象，用于庇佑自身或将自身与图腾相合而神化。前面提到夏禹王曾令"远方图物"作为纹饰并铸造九鼎，所用的纹饰即各原始部落所崇拜的图腾符号。《史记·黄帝本纪》中记载："轩辕乃修德振兵，治五气，蓺五种，抚万民，度四方，教熊罴貔貅䝙虎，以与炎帝战于阪泉之野。"这里提到的"熊罴貔貅䝙虎"应该就是以各个部族的图腾符号来代指部族本身，而虎部族正是其中之一，作为图腾符号的虎形象对于部族来说是能够起到保护作用的。《左传·宣公四年》在记载春秋时期楚国令尹斗子文生平的时候有这样的记载："初，若敖娶于䢵，生斗伯比。若敖卒，从其母畜于䢵，淫于䢵子之女，生子文焉。䢵夫人使弃诸梦中。虎乳之。"大意是说楚国令尹斗子文曾因为身世的原因被遗弃在云梦泽，而有老虎为其哺乳，而其名字子文中的"文"字正是取老虎斑纹的意思。书中记载这件事情，似在有意说明后来他能够成为楚国的令尹和曾经受到老虎的哺乳和庇佑不无关系。这些记载都在告诉我们，作为猛兽的老虎，被某些部族认作守护者或图腾。

在虎食人卣出现的商朝时期，我国虽然有了一个居于中央地位的商部族统治集团，但是各地的文化并未完全融合，部族之间都还保留着各自相异的原始图腾崇拜烙印。在整个中华文化演进的过程中，虎始终是瑞兽的重要符号之一，如四方神兽之一的"白虎"、西王母虎头豹尾的形象、十二生肖中的老虎等。老虎的形象在中国传统文化中总是与神祇有所联系，或者它本身就充当神灵的角色。商周青铜器主要用作礼器，用于祭祀和宴享等场合。"两件虎食人卣所表现的都是人抱着虎，虎抱着人，人腿和臀部饰有龙蛇纹，服饰讲究，应该是当时的贵族或者巫觋，其面部表情静穆安然，并没有任何被挟持或即将受到伤害的恐惧样貌。

高大威猛蹲踞的硕虎整体向上作仰面状，完全没有向前俯身食人的动作趋势，反而显得十分平静。这样看来，虎并非在"食"人，实则是在保护怀中所拥抱的人。在这里，虎已经被神圣化，扮演的是人类庇护神的角色，人与虎共存、相互依赖。虎食人卣表现的是虎（神）与人的佑助关系，是商代先民对神灵佑人、神人祥和的期盼，是连接人神关系的媒介。[①]

关于虎食人、虎拥人的争议，笔者更倾向于后者。你看那处于虎口中的人并没有表现出恐惧或挣扎，而是如孩童般依附在虎的身躯之上，其所表现的老虎不是要吃人，而是对人起到保护的作用，有图腾的意味。老虎口中含人，而不加害，这个场景很容易让我们联想到虎豹等猛兽在对待自己的幼崽时用嘴巴轻轻叼起，与其嬉闹或将其带离险境。这件作品所表现的虎的动作，不是在展现猛虎凶猛，而是在展现类似猛兽对其幼崽的疼爱举动，所谓"呵护"是也。人和动物合在一起的形象塑造，是说人类曾经希望拥有某种动物具有的能力，并将这种能力神化，希望自己的祖先为具有某种特殊能力的动物，即为图腾。创作这件作品的人是将虎作为自己所在族群的守护神来进行塑造的，虎为典型的图腾形象。

"天命玄鸟，降而生商"。商王朝的统治者认为他们的祖先为一只黑色的鸟。古巴国，从象形文字的意义解释"巴"字为蛇的象形，古巴人信奉的是蛇图腾，他们的部落为蛇的部落；古蜀国出土的青铜树雕塑，相传为《山海经》所记载的建木，上面栖息的是太阳神鸟，而三星堆纵目人那鹰钩般的鼻子或许也向我们展示着其是鸟喙的变形，蜀国人应是以鸟为图腾的部族；黄帝为"有熊氏"。这种图腾信仰之下产生的艺术风格及表现形式，展现在青铜器上就是出现了大量的动物形象，如饕餮纹、夔龙纹、凤鸟纹等。四羊方尊上有羊、虎头、蛇的形象，这种以动物为图腾符号的作品在那个时代比比皆是。虎食人卣上的老虎形象正是这一时期、这一理念下的产物。

就在我们生活的今天，我国的部分地区，在孩子出生之后，还有穿虎头鞋、戴虎头帽的习俗，那虎头帽中孩童的脸，可不就包裹在老虎的口中，而其传递的吉祥寓意正是婴孩们虎头虎脑、虎虎有生气。做成虎头帽的老虎形象，不是要吃掉婴孩，恰恰是对婴孩的庇佑，是"老虎拥人"的具体体现。

---

① 吴卫，龙楚怡. 虎食人卣纹饰及文化寓意探析 [J]. 装饰，2014（12）：80-81.

三 // "老虎拥人"的意义

在《人类简史：从动物到上帝》中，作者赫拉利（Harari）提出人类发展到现在经历了三次革命，分别是认知革命、农业革命和科学革命，其中认知革命是人类社会发展的第一次革命。人类使用和制造劳动工具、懂得用火、吃熟食等都为认知革命的相关体现，不过，在认知革命中最核心的一点是人类懂得了大规模的集体协作。有一些动物也懂得协作，如狼、狮子、蜜蜂等，但我们的协作和它们之间的协作有什么区别呢？

狼群、狮群的协作仅限于小规模的群体，且群体之间往往具有血缘关系，脱离族群，便是竞争者，再无协作可言。昆虫之间确实可以大规模地结成稳定的社会关系，但是其关系的形成是刻在基因里的，在它们的基因里刻录了几乎所有的协作信息。例如，蜂群中的工蜂、雄蜂、蜂王等角色的划分，不是社会选择的结果，而是自然选择的结果，性别、食物决定了其在蜂群中的分工，其在协作中的角色是由生物因素决定的。这种协作虽然稳定但缺乏必要的灵活性，当蜂群、蚁群等面临突然的外部变化时，很难快速做出反应。至于狼群、狮群的协作，虽然具有良好的灵活性，但是受限于协作的范围，需要群体成员之间的熟悉和信任，方能建构起有效的协作。而人类呢？例如，我们使用的手机，是经过来自全球的各种零件加工企业、组装企业、销售公司的大量人员的共同协作才最终到达我们手上的，算上科研环节、各类中间环节，可能涉及的人员多达几万人。这几万人可能来自世界的各个角落，互不相识、文化不同、语言各异，却能够展开高效的合作。现代商业社会的有序运行依赖的正是大规模陌生人之间的协作，这是怎么做到的呢？

认知革命的根本在于人类会讲故事，人类语言交流的重要之处不在于我们能够表达真实存在的东西，如树上有苹果、河里有鱼等，而是我们能够传达一些根本不存在的东西，如月亮上有嫦娥。人类之间可以讨论虚构的事物，可以天马行空地讲故事，其核心不仅在于讲述内容的虚构，还在于人类可以集体想象，共同相信虚构的事物，而这恰是人类能够集结大批的人力来灵活协作的基础。比如，在现代社会中，我们购买商品不需要以物易物，而是使用货币，大家共同相信货币的价值，为了让货币看上去有价值，印上了数字和发行货币的机构的名字，为了让大家相信这些数字是真实的、机构是有信誉的，我们又创造了国家。货币、价值、信誉、国家，这些都是我们集体想象的结果。在解锁了集体想象这一技能过后，人类真正迎来了认知革命，人与人之间可以开展顺畅的分工、协作，人类的能力有了质的飞跃，人类真正站上了地球生物链的顶端。

四∥从迷狂到人文——商周青铜器风格之变

雕塑家罗丹（Rodin）的代表作品《青铜时代》，刻画了一个形体匀称健美的青年男子舒展身体，仿佛刚从睡梦中醒来的形象，其命名的寓意正在于提醒我们青铜时代是人类文明的开端，是人类社会的青年时代，是人类摆脱蒙昧走向开化的起点。和虎食人卣的图腾符号一样，在殷墟出土的甲骨文中我们同样可以找到大量关于这个时代蒙昧迷狂一面的证据。

商朝前期战乱不断，王朝多次迁都，商王盘庚迁都于殷（即现在的河南安阳地区），并稳定了下来。殷墟遗址出土了大量的青铜器和甲骨文，通过对甲骨文所记载内容的研究发现，其中的绝大部分为占卜的行为记录。在当时的占卜中，巫师首先在龟甲的外侧或兽骨的内侧壁上刻线或钻孔，然后将龟甲放置在火上烤，于是甲骨上就会沿着人为刻出的线或孔洞开裂出长短、方向不一的裂纹，这时巫师再进行解释。而这些卜筮的内容、是否灵验以及巫师的名字等便被记录在龟甲上，这就是我们现在看到的甲骨文。现在我们所使用的"占"和"卜"两个字正是对刻线或钻孔及裂纹的象形。正是那制作虎食人卣的商王朝设计和制作了大量充满创造力的青铜器，如四羊方尊、青铜人钺、大禾方鼎，每一个造型都展现了那个时代的创造力，但是，商人好酒、敬畏神明，铸造大量青铜礼器敬奉祖先鬼神，耗散了国力。

在西周建立初年，代年幼的周王摄政的周公"制礼作乐"，强调人文主义，建立井田、宗法、礼乐制度，主张通过理性的制度节制感性的迷狂。所以，西周时期的青铜器在形状和装饰上明确地体现着理性、厚重、简洁的一面。我们从殷商时期的青铜器和西周早期的青铜器中各选一例进行对比，便会明显地发现两个时代的差异。

四羊方尊是商代青铜器的典型代表，出土于湖南宁乡地区，其以精湛的铸造工艺、富有想象力的纹饰为特征。四羊方尊是商代铜尊中最大的一件，整体造型方正，其高度为58.3厘米，尊口呈四方形，每一侧边长为52.4厘米，重量达到了34.5千克，采用分范铸造的方式，达到了那个时代青铜器铸造技术的最高水平。四羊方尊的造型呈现明显的三段结构，分别为器足、腹部及口颈部，其突出特点是在方尊的四条棱线上以圆雕的方式刻画了四个卷角羊首，饰纹刻画精细且遍布全身。方尊器颈部分，在棱线及每一侧的中线，以凸雕镂刻方式表现蛇身龙纹，龙首部分在器口四角突出，具有强烈的形式感。颈部纹饰密集、烦琐，主要类型有兽面纹、三角夔纹、蕉叶纹等。方尊巧妙地将器肩、腹部造型与四只卷角羊的造型相融合，羊的身体所在的部位即器腹，造型饱满，形象写实。羊腿与高浮雕蛇纹将器足进行了均分，展现了成熟的形式处理能力。方尊器腹每两只羊的中间，采用浮雕手法刻画蛇身造型向两侧延伸，蛇首有祖形角。羊、龙的头部造型以圆雕手法进行处理，羊腹部装饰有长冠凤纹，在羊身及颈部等处装饰着鳞纹。四羊方尊外部密布纹饰和雕塑造型，器身上下几乎没有留白，精雕细琢，美轮美奂，是商朝青铜器的巅峰之作。中间的浮雕蛇身体和以圆雕手法制作的头部，体现了商代图腾时代典型的神秘风格，在蛇头部加上祖形角，是祖先崇拜的产物，是动物图腾符号的典型形式，体现了商代迷狂的时代特点。

‖ 四羊方尊
中国国家博物馆 ‖

　　毛公鼎，是西周时期颇具代表性的青铜器，因在铭文的描述中明确地指出其铸造者为"毛公"而得名。清道光二十三年（公元 1843 年），毛公鼎出土于陕西岐山，其造型特征为双耳半球腹，三足为兽蹄形，其通高 53.8 厘米，造型浑厚凝重，纹饰简洁典雅，具有浓厚的生活气息。毛公鼎之所以重要，是因为其内壁上有铭文 497 字，为我们提供了研究当时社会政治、文化、历史沿革的有力证据。相较于商代青铜器周身遍布纹饰、造型夸张的特征，以毛公鼎为代表的西周青铜器大多造型规整，纹饰较商代大为减少，强烈而突出的兽面纹、动物纹逐渐减少，取而代之的是云雷纹、回纹、重环纹等几何纹样，即便有动物纹也常作为连续纹样构成元素出现。西周青铜器的纹样装饰复杂程度较商代大为降低，整体呈现理性、简约的特点。两个前后相继的时代之所以在青铜器装饰上出现由繁入简的变化，是受到深刻的社会政治因素的影响。《尚书·泰誓》里记载周武王声讨商纣王的一条罪名："郊社不修，宗庙不享，作奇技淫巧以悦妇人。"至于何为文中所说的奇技淫巧，大多认为是制作炮烙、铜雀台等，当然也不应该排除其是指殷商制作的大量青铜器过于烦琐奢华，太过于注重感官的享受，耗费人力，致使国力下降，府库空虚，人民怨声载道，以至民心尽失。于是，在毛公鼎的铭文中我们看到"唯天将集厥命，亦唯先正略又爴辟，属谨大命，肆皇天亡，临保我有周，丕巩先王配命，畏天疾威"，意思是说周国之所以能够领受天命、统治天下，是因为周朝谨慎地对待和遵守上天的命令，而殷商的统治者荒淫无道，故而失去了上大的眷顾，周朝作为后来的继任者，应该保持对上天的敬畏之心，吸取殷商灭亡的教训，谨慎地使用自己的权力。"善效乃友正，毋敢湎于酒"意思是说，作为地方的管理者，毛公你要好好管理自己的大臣，发挥贤能的作用，不能酗酒。周朝青铜器造型和装饰样式的变化，正是基于对王朝兴替的理性反思，是政治理论在礼器上的直接反映。

‖ 毛公鼎
台北故宫博物院 ‖

在西周大盂鼎的铭文中可以看到相似的铭文，其意大致为殷商之所以丧失民心，为周所取代，是因为殷商上至诸侯下至普通官员经常饮酒且酩酊大醉，朝政不修，才丢了江山，现在的官员在举行各类典礼仪式和管理地方事务时都忠于职守，不敢喝醉。大盂鼎铭文这里通过饮酒这一件事情，来提醒和点明初掌政权的西周吸取了殷商灭亡的教训，不敢耽于感官享受。这种转变，体现在青铜器的制作上就是这一时期的作品大多制作精练简洁，装饰减少，体现了明显的理性主义的特点。

‖ 大盂鼎
中国国家博物馆 ‖

虎食人卣中对于人和虎关系的处理，将其表现为"老虎拥人"，是人类认知革命的直接反映。某一个部族，通过集体想象，认定老虎是他们的守护者，能够给予族人力量和勇气，部族内部众多成员之间便可以围绕共同的认知而结成稳固的社会关系，为着共同的目标而开展灵活协作。商代青铜器中大量具象的图案是人类文明发展过程中的一个阶段，在表现形式上以强烈的形象直接表现，体现了文明发展初期原始、粗犷的一面。到了周朝，在青铜器中以铭文的方式取代以动物纹为代表的烦琐造型，呈现出理性的一面，拿掉纹饰，去掉兽面，消减作品中的非理性因素，故而铭文增加而纹饰变少。这两个时代青铜风格的变化，既反映了新生的周朝对殷商衰亡教训的反思，同时，以抽象文字的形式标记共同的价值取向，是人类认知提升的表现。

当然，以艺术的观点看，在理性占据上风的周朝青铜器中，艺术创造力降低了。

拿现在的眼光看，理性和感性因素在艺术设计的创作中的表现应该是互补的。缺少了感性表达，艺术作品就缺少了创造力；抛弃了理性因素，艺术创作就会变成纯粹的感官刺激，两者之间需要一种微妙的平衡。如果能够将殷商的感性迷狂和西周的人文理性合理地结合起来，将形成一种非常完整、理想的文化。在中国历史后来的发展中，人文理性的表达形式占据了上风，中华民族的原始想象力受到了限制，商代以后的作品中再难看到那么天马行空、天真烂漫、形式感强烈的作品。当下的设计创新工作较以往任何一个时代都更加强调设计师的想象力和表现力，以虎食人卣为代表的商代青铜器，为我们提供了丰富的案例，值得我们深入研究。

第六章

是可忍，孰不可忍

　　在《论语·雍也》中，孔子曾发出了这样的感慨："觚不觚，觚哉！觚哉！"这句话中的觚指的是什么？为什么觚而不觚？又为什么连续追问"觚哉"呢？

　　中国的青铜时代，发展出了类型繁多的青铜器。青铜器依用途可以划分为水器、酒器、兵器、食器、工具和乐器等几个大的类型，每种类型又可按照功用和造型细分成若干小类，如食器又可分为鼎、鬲（lì）、簋（guǐ）、盂、豆、簠（fǔ）等。现在出土的众多青铜器中有相当一部分是作为礼器使用的，如前面提到的作为食器的鼎和作为酒器的卣，而孔子所说的觚便是一类作为礼器使用的酒器。觚，在商、西周时期较为盛行，殷墟的墓葬中，就出土了多组觚和爵的酒器组合，如女将军妇好的墓中就有很多组觚和爵。作为当时贵族阶层的重要礼器之一，觚常在祭祀、出征、丧葬等仪式中使用。既然是礼器，在注重礼仪的中国古代，就会对其形制有明确的要求，下面我们以山西博物院馆藏的孜父方觚来了解觚的基本造型特点。

　　孜父方觚，2006 年出土于山西绛县横水倗国墓地，分为上、中、下三个部分，其高 30 厘米、口径 17 厘米，圆口方身，线条优美，既庄重又灵动。下段为方形底座，中空；中段同为方形并逐渐呈现出弧线外鼓的趋势；上段为圆形喇叭口。孜父方觚中段部分内收，以其无懈可击的曲线，形成优美的小蛮腰造型。沿方形底座的拐角处有扉棱，将器物分为四面，同样呈三段并从底部延续向上通向沿口，棱线在器口处冲出下坠，上下两端各有钩出，中段有两齿。那形断意连的扉棱弧线使整个器物在刚劲的造型中有了几分灵动，呈现出生动而优雅的美感。器身表面装饰阴刻线纹，纹饰内容则彰显了礼器的庄重之势，兽面纹、鸟纹、云雷纹、蕉叶纹无不密布，达到庄重与灵动之和谐。

‖ 務父方觚
　山西博物院 ‖

商周时期的觚，在造型上普遍呈现出细腰、喇叭口的造型特点，常见方底或圈足，如妇好墓出土的觚便多为圈足，整体瘦高，呈现出优美的弧线，其状犹如窈窕动人的"小蛮腰"，优美的造型让我们不禁感叹先辈的审美能力和工艺水平。此时的觚，在形制上一个非常重要的特点就是有扉棱，这在增加造型美感的同时，使得觚呈现出厚重之感。又因为有了棱线作为装饰，觚不便于在日常生活中使用，这更加凸显了其器型的独特和使用场合的庄严肃穆。

‖ 商兽面纹青铜觚
　安阳博物馆 ‖

　　孔子所生活的春秋时期，觚的造型与商周相比发生了变化，不再遵守古制礼法，于是才有了"觚不觚"的慨叹。关于具体形制变化之处，宋朝大儒朱熹在《论语集注》中说："觚，音孤。觚，棱也，或曰酒器，或曰木简，皆器之有棱者也。不觚者，盖当时失其制而不为棱也。觚哉觚哉，言不得为觚也。"大概的意思是这一时期的觚，已经不再按照商周时期的规制来制作，突出地表现为形制上去掉了棱线，也就失去了其庄重的气势，变得和普通的盛酒器没有什么区别，丧失了其作为礼器的威仪。朱熹举其他名士谈论"觚不觚"的论述继续说："程子曰：'觚而失其形制，则非觚也。举一器，而天下之物莫不皆然。故君而失其君之道，则为不君；臣而失其臣之职，则为虚位。'范氏曰：'人而不仁则非人，国而不治则不国矣。'"从儒家"天人合一"的理念来看，个人生命的荣枯取决于生命能否遵循自然规律，芸芸众生古往今来，没有例外。以此推之，一个国家或一个社会的稳定发展取决于整个社会的道德水平。社会道德水平高，追求"仁"的境界，人人都能守制自律按照"礼"来做事，就能合乎自然规律，国家便能兴盛繁荣。当孔子看到春秋时期的周王朝中央王室不受尊重，社会分崩离析、诸侯并起、道德崩坏，各诸侯国忙着逐鹿中原争相称霸时，他借着"觚不觚"的器物造型之变折射出春秋时期礼法乱了，人的心法出问题了。当道德崩坏时，整个国家就有生变、瓦解的风险。在孔子的思想中，周礼是国家运行的根本，从井田到刑律、从音乐到酒具，周礼所规定的一切都是尽善尽美，甚至是神圣不可侵犯的。那觚不觚的追问，孔夫子所慨叹的是彼时事物名不副实，主张"正名"、恢复礼制。孔子生活的春秋时期，社会失序，"君不君，臣不臣，父不父，子不子"的状况出现，更是让他感到不能容忍。在《论语·八佾篇》中，当孔子看到作为鲁国大臣的季氏居然在家中按照周天子的规制欣赏"八佾舞"（佾，舞列。八佾，古代天子用的一种乐舞，纵横都是八人，共六十四人）时，这种超越规制的行为让孔子发出了"八佾舞于庭，是可忍也，孰不可忍也"的愤慨。他竭力主张以为器物"正名"的方式去重新塑造价值观念和符号意义，并希望理顺两者之间的关系："名不正，则言不顺；言不顺，则事不成；事不成，则礼乐不兴；礼乐不兴，则刑罚不中；刑罚不中，则民无所措手足。故君子名之必可言也，言之必可行也。君子于其言，无所苟而已矣。"（《论语·子路》）因此，这正是孔老夫子的洞见之处，能够做到见微知著、一叶知秋而大声疾呼，其意在使闻者不麻木，应谨慎反思。

　　作为学习设计、从事设计工作的今人，再读"觚不觚，觚哉！觚哉"，我们既要了解中国设计发展过程中曾经有过这样的今古之变的理论思辨，也要能够透过问题，以当下的视角，结合我们所从事的设计工作进行深刻的思考。

一 ∥ 时代之变需要创新之勇气

在整个中国历史的发展过程中，春秋战国时期是一个非常重要且独特的时期，通过简单的史料，我们可以知道春秋战国时期是中国历史上所经历的几个大的乱世之一，其突出特点为诸侯割据、战争频繁，周王朝的统治秩序出现了严重的问题，社会秩序混乱。在这个时期，中央政权面对诸侯之争、夷狄之乱无所适从，各种政治势力之间纷争不断，强弱胜负此起彼伏，使得整个社会处于动荡不安的状态，人民生活在水深火热之中。同样在这一时期，各方势力为了能够在这样的乱世生存下来，纷纷以变法相应对，整个国家变成了一个大的试验场，各家学说纷纷登场，各领风骚，使得各国在政治、经济、文化等方面都发生了巨大的变革。各国变法既是图存也是图强，形成了奋发争光的独特时代风潮。那个时期，商周形成的井田制被打破，封建制之下的土地私有开始出现，小农经济也开始成形，生产关系的变化调动了生产积极性，反过来推动了生产力的发展。在经济技术方面，春秋战国时期出现了铁器、牛耕技术等，它们与生产关系的变革一起推动了生产力的发展。此时，正因为周王朝控制能力的减弱，工商业在发展经济方面的作用被一些诸侯国重视。工商业的繁荣，在推动经济发展的同时，也促进了手工业的发展，于是社会经济在乱世之中竟也呈现出了繁荣的景象。

商朝和西周生产力相对低下，青铜器造价高昂，需要耗费大量人力物力，因此只能在特定典礼仪式中使用，并由统治者按照等级详细规定使用青铜器的礼法仪轨。到了春秋时期，青铜器的冶炼技术有了非常大的进步，加之各诸侯国经济的发展，原来需要"收九牧之金"集国家的力量来铸造的青铜重器，逐渐能够普及开来，甚至有些礼器开始转变为日用器，这也推动了青铜器造型的变化，如鼎造型的变化就是其中一例。商、西周时期的鼎耳大多在鼎沿之上，而春秋之后的鼎耳大多在器腹之上。这一造型的变化之所以发生，是因为在日常生活中使用鼎需要加盖子以提高烹煮食物的效率，并且盖子可以起到防止烟尘、杂物等掉入食物之中的作用，保证了烹饪食物的卫生。有了这样的生活经验，此时再去铸造作为陪葬或祭祀用的鼎，其鼎耳的位置自然也会发生相应的变化，鼎的整体造型也从方鼎、三足鼎并行，逐渐过渡为以圆鼎为主。从鼎造型、鼎耳位置的变化我们也可以联想到春秋时期瓠的造型变化。此时的瓠之所以变成了圆口、圆身、上下贯通，仅在收腰处做装饰纹，取消了烦琐的棱线，可能同样是因为在日常生活中那厚重的棱线装饰给使用带来了不便，故而生变。

　　觚造型转变的另外一个原因是铸造技术的进步。商周时期的青铜器铸造主要使用陶范法，其工艺流程如下：第一步制作模具，使用黏土按照器物原型雕刻成泥质模型，按照预先设计的图样在上面进行雕刻或塑造，待成型后进行烘干；第二步制作外范，将调和均匀的黏土碾制成薄的泥片，按压在泥模的表面，使泥模上的纹饰、造型反印在泥片上，完成后在泥片外进行加固处理，待泥片半干，按照对称的方式进行切割、取模，在完全阴干后进行加热处理剔除细节处沾带下来的内范泥料并修模，确保花纹、造型清晰，晾干或烘烤备用；第三步是对内范进行处理，去除表层的细节并按照预先设计的厚度做造型的减法，确保内外范能够形成均匀的空腔；第四步为合范，将分解烘干后的外范与内范进行组合，并留出浇铸孔和出气孔，确保浇铸时青铜液流淌顺畅；第五步为浇铸及修形，将预先熔炼好的青铜液沿浇铸孔注入陶范，待冷却后打碎内模外范，将所铸造的青铜器物取出并修整打磨。这样制作的青铜器造型规整。为了取模的方便和合范的规整，常将造型设计为对称形。了解完分范铸造的过程后，我们发现在觚的造型上设计棱线显得合理且必要，棱线设计不仅使青铜器能够被便捷、完整地从模具中取出，而且保证了在合范时能够找准接口，并对铸造过程中的瑕疵进行遮挡。因为铸造时使用的内模外范都需要打碎，故而无法进行批量生产，因此在器物造型上尽可能地增加造型细节，以最大限度地彰显工艺水平，是符合铸造者利益的选择。

　　到了春秋时期，失蜡法已经逐渐成熟起来。失蜡法的铸造工艺如下：首先用泥质范料塑制内范，并使之阴干，然后在内范上以石蜡作为材料按照铸造器物所需的厚度贴蜡片，待成型后按照预先设计制作的装饰图样在蜡片上进行雕空、刻花纹等细节造型处理，在造型细节处理工序之后按照需要塑制蜡质浇口、排气通道，并将其与蜡模进行焊接使其成为整组蜡模；蜡模成型后，将作为铸造外部范料使用的黏土稀释成泥浆状，在蜡模表面进行细致反复涂敷，保证泥浆渗透每一个造型的细节，并使之形成能够承受铜液浇筑的厚度，待泥浆阴干后，用草拌泥包覆于泥浆层外，进而制成整体陶范；将整体陶范反转使浇口朝下，并以低温烘焙陶范，加热陶范至 600～900℃，使蜡料受热融化并顺浇口流出，形成空腔状态的模具待浇铸；将预先熔炼好的浇铸用青铜液，顺浇铸口进行一次性浇铸（青铜液的温度越高，其流动性越好，能够呈现的细节也就越清晰）；待青铜液冷却后进行脱除内外陶范的工作，取出铸造件并割除浇铸口，这时铸造成型的完整器物就呈现出来了，后续需要对器物表面进行精修和抛光。以此方法铸造青铜器可以做到一次成型，在进行复杂的器物铸造时可以采用分段铸造再焊接成型的方式，减少了分范法铸造的焊接缝，使得这一时期可以铸造轻、薄、精致的器物，且不需要棱线作为遮挡接缝的装饰。随着失蜡法的成熟，铸造者可以通过预先的造型处理，省略会对陶范产生破坏的细节，从而达到模具反复使用的要求，提高铸造效率，进行批量生产。随着铸造技术的进步，春秋时期出现了更多精美的青铜器，且常见批量制造的青铜器，如我们所熟知的莲鹤方壶、曾侯乙尊盘等。

　　莲鹤方壶，1923 年，于河南省新郑李家楼郑公大墓出土，作品为一对，其中一件现收藏于河南博物院，另一件收藏于中国国家博物馆。莲鹤方壶，通高 117 厘米，重 64.28 千克。器身为椭方形，腹部装饰有龙纹，四面各装饰一只神兽，兽角弯曲，肩生两翼并嵌有细如发丝的羽饰，尾部上卷而长。圈足下装饰有卷尾首，兽首作向外张望状，同器身上的龙纹遥相呼应。顶部为向外张开的莲瓣状，在可活动的壶盖上雕塑一只昂首展翅的仙鹤。从制作工艺上看，有圆雕、浮雕、线刻、镂空等，制作技术涵盖铸造、镂空、焊接等，与商周时期厚重庄严的造型风格形成强烈的反差，反映了春秋时期的整体风貌，展现了这一时期青铜器铸造工艺的高超和器物造型手法的娴熟。

‖ 莲鹤方壶
　河南博物院 ‖

　　曾侯乙尊盘，1978 年出土于湖北随州市擂鼓墩曾侯乙墓。尊盘通高为 42 厘米，尊体高 30.1 厘米，口径 25 厘米，盘高 23.5 厘米，口径 58 厘米。作品装饰繁复，制作精美，铜尊共有 34 个部件，以焊接、铸接方式拼合而成。尊体部分装饰有 28 条蟠龙和 32 条蟠螭，铜盘部分装饰有 56 条蟠龙及 48 条蟠螭，尊盘颈部有 7 字铭文"曾侯乙作持用终"。曾侯乙尊盘是战国时期工艺复杂、制作精美的青铜器之一，体现了当时高超的铸造工艺。

‖ 曾侯乙尊盘
湖北省博物馆 ‖

这一时期的青铜器过分注重视觉效果和炫耀技术，类似上述两件作品那样造型繁复、细节众多、纤巧而不庄重的器物造型是不会被孔子喜欢的，在他看来它们舍本逐末，不符合孔子等代表的儒家有关器物设计应该"文质彬彬"——将造型和教化意义紧密结合的指导思想。

类似觚造型的变化和类似曾侯乙尊盘这样细节丰富的青铜器，虽然不符合儒家的审美要求，但是是技术进步、社会发展的必然结果。在工艺技术进步之后，以前作为礼器的青铜器发生了相应的变化。一类器物造型的设计继续增加细节，繁复而精致，成为上层贵族阶层的享乐之物，成为赏玩之器。贵族阶级的审美追求使得工匠的技艺有了用武之地，一次次的实践和创新反过来推动经验的积累和技术的进步，形成相互促进的循环。另一类器物造型则以铸造技术的进步为基础，为了批量生产的需要而减少细节，提升生产效率，使得铸造的成本逐渐下降，让原来帝王、上层贵族在重要仪式中使用的礼器能够逐渐走进下层贵族和一些富贾大户的日常生活，由技术进步带来的便利惠及了更多人。铸造数量的提升，又能够促进工匠积累丰富的铸造经验，提升铸造技术，从而进一步降低铸造成本，反过来推动青铜器为更为广大的人群使用，形成第二个层面的良性循环。

类似"觚"的青铜礼器造型生变，是铸造技术进步和生产效率提升的结果。当技术进步带来时代之变时，春秋战国时期的工匠应做的是尽快学习技术、掌握技术、运用技术，发挥技术进步带来的优势。孔子所要求的厚重质朴与技术发展带来的青铜器造型纤巧精致是一对矛盾体。社会历史的发展是螺旋上升的趋势，工艺美术的发展同样符合这样的规律。我们可以对一个时代的作品进行批判或赞扬，但已经成为历史的部分是永远不会重复的，所谓一个时代诞生属于那个时代的人，一个时代的人有属于那个时代的艺术。这个过程如 21 世纪的我们对通信产品轻薄短小、功能集成设计的追求一样，是技术进步带来的必然趋势，毕竟现在已经没有多少人愿意再在手中握一个如砖头般笨重的大哥大。

虽然每一次的技术进步总会让部分掌握老旧知识、技术的人体验到不适应和挫败感，但是从整体来说，技术进步降低了创新的门槛，惠及的是整个社会。各类设计软件的出现、加工工艺的提升、3D 打印技术的成熟和当下的人工智能，都为设计师发挥自己的创造力提供了更多的可能性。

二 // 设计中的形式与内涵

到了春秋战国时期，生产力的进步和生产关系的巨大变革，使得社会秩序重新洗牌，在混乱之中孕育着新的秩序。在这个诸侯混战、社会动荡的时代，社会文化得到了一次快速发展的机会，形成了中国历史上少有的大争之世。这一时期出现了最早的士人阶层，其以掌握文化知识为标志。士人阶层的出现又大大促进了思想的解放和文化的进步，孕育出先秦诸子，从而促使百家争鸣的学术繁荣局面出现。春秋战国时期，普通人可以通过自己的努力，在学习和掌握知识后出人头地，有才能的人可以在各国之间流动，如贫寒出身的苏秦可以挂六国相印衣锦荣归。学术上的百家争鸣，造就了工艺设计上自由开放的氛围。各工艺美术类型的设计与青铜器一样经历了一个野蛮生长的时期，复杂的时代环境和丰富的工艺美术作品，为各家学说的思想争辩提供了广阔的视角。以儒家、道家、墨家、法家等为代表的思想流派，通过论战探讨了较为深刻的美学问题。各家之说在不同的诸侯国或不同的时期领一时之风骚，后来影响和建构了整个中华民族审美的底层框架。

（一）儒家美学与设计

作为儒家宗师的孔子继承了周公的理性主义特点，但其生活的春秋时期正是周公创立的礼乐制度开始崩坏的时代，孔子感受到此时器物造型形制不合礼法，故而发出"觚不觚，觚哉！觚哉！"的感慨。孔子向往和憧憬周公的时代，他明确反对他所看到的精致纤巧、注重感官享受的青铜礼器造型。孔子的美学思想核心为"美"和"善"的统一，即形式与内容的统一，将艺术审美和政治教化结合起来。这一审美理念体现在青铜器设计上，便是在设计和铸造之初，将社会功用放在实际功用的满足之先，将设计作为教化的手段。孔子认为器物之美在于朴拙、厚重，强调理性，不喜欢感性乖张、"怪力乱神"（《论语·述而》）的东西，提出"敬鬼神而远之"（《论语·雍也》）。孔子之所以不喜欢自己生活的时代，是因为在他看来社会应该有自己的秩序，不能逾越，但是时代已经发生变化，于是发出了"八佾舞于庭，是可忍也，孰不可忍也！"（《论语·八佾》）的愤慨。孔子明确反对残暴严厉的制度，当看到当时的贵族流行厚葬之风，用木头制作人形的俑或恢复商代的人殉方式来陪葬时，他曾慨叹"始作俑者，其无后乎"（《孟子·梁惠王》），以提醒人们警惕那个残暴、迷狂的时代再度回归，代表了这个时代的智者对人性的关注及理性的思考。

在《乐论》中，儒家后来的代表人物荀子表达了他的美学思想，提出"乐中平则民和而不流，乐肃庄则民齐而不乱"，阐明了美具有表达问题、沟通思想、协调人际关系的功能，好的艺术作品能引导人们向善，达到社会和谐的目的。"钟鸣鼎食"不仅是感官的享受，也有教化的意义。铸造青铜乐器虽有耗费民财的一面，但通过乐器演奏，好的艺术作品能够引起民众的共鸣，达到打动人心的效果，其教化的作用是无可取代的。欣赏和体验好的艺术作品，可以提高人们的审美能力和情感素养，使人们更加注重精神追求和道德修养，可以引导人们走向善良、高尚。

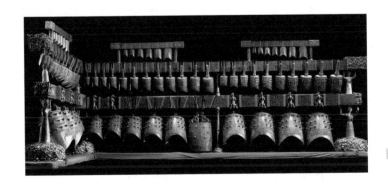

‖ 曾侯乙编钟
湖北省博物馆 ‖

从儒家的视角来说，春秋战国时期的作品所体现出来的是不守礼制、感性张扬，太过注重感官刺激而虚耗人力。但是从艺术的创造力来说，特别是对于青铜器这一工艺类型而言，春秋战国时期的作品，无论是在形式上还是在工艺技术上，都是远胜于商、周时期的作品。商代的青铜器过于强调夸张的视觉形式，造型生动但铸造技术尚不完全成熟；西周的青铜器注重理性风格，去掉了殷商时期烦琐的纹饰、消减了作品中"怪力乱神"的因素，增加了人文的因素，用铭文取代了部分纹饰，在理性占据上风的同时，艺术的创造力减弱了。以现在的眼光看，理性的思考、感性的形式和成熟的工艺在设计中应该是互补的，三者需要达到一种微妙的平衡。如果能够将春秋战国时期的铸造技术、殷商的感性迷狂和西周的人文理性合理地结合起来，设计会是一个非常完整而理想的设计。

在中国后世设计的发展过程中，儒家美学的影响是深刻的，无论是后世的城市规划和建筑设计、服饰制度，还是家具陈设，都有着儒家审美的影子。例如，中国封建时代的深衣制，《礼记·深衣第三十九》中说："古者深衣盖有制度，以应规、矩、绳、权、衡。"其中的"规、矩、绳、权、衡"渗透着儒家思想的教化意义。深衣背后的直线与下裳下端的齐平，象征着"正直"与"平齐"。在人的修养之中，所谓"直"就是要"忠"——发自真心而且合乎分寸，所谓"平"就是要"恕"——将心比心而推己及人；在治国平天下的时候，所谓"直"就是不用欺骗、诱惑与威胁的手段；所谓"平"就是要行王道仁政。其中渗透的正是儒家美学思想中的教化意义，通过"美"达到"善"的目的。

（二）道家美学与设计

作为道家创始人的老子，其美学思想集中体现在《道德经》中。老子认为，美来自人与大自然之间的调和，是人类和自然协调的产物。他强调个体生命和大自然之间的和谐关系，认为美是在自然和道的规律下产生的。当面对春秋时期贵族注重感官享受的社会现状时，生活时代比孔子略早的老子同样发现了这一问题，并提醒当时的人们"五色令人目盲；五音令人耳聋；五味令人口爽；驰骋畋猎，令人心发狂；难得之货，令人行妨"，希望社会能够重新找回田园牧歌式的惬意安详，将人的感官欲望降低，希望回归到所谓"小国寡民。使有什伯之器而不用……鸡犬之声相闻，民至老死不相往来"的时代。道家的这种对待器物设计的观念过于极端，其教化意义却与儒家有着异曲同工之处。老子提出"天下皆知美之为美，斯恶已"，指出当人们感受到了美，而为了感官欲望的满足去追求美的时候，美的对立面"恶"也就产生了，认为美与丑是相对的，可以互相转化。同时，他强调"法天贵真"，反对文明的进步所带来的罪恶和丑陋。他提倡回归自然，减少欲望，向内求索真正的美，并认为美是超越语言、味觉和视觉的，应该通过内心的感悟来体验，认为人们应该尊重和顺应自然规律，反对过度的人为干预和破坏自然的行为。

道家后来的庄子主张追求个体的无限和自由，指出"天地有大美而不言，四时有明法而不议，万物有成理而不说。圣人者，原天地之美而达万物之理"（《庄子·外篇·知北游》），强调美的"无为""天然"相对的、辩证的统一，以达到"天地与我并生，而万物与我为一"（《庄子·内篇·齐物论》）的境界。在庄子的美学思想中，审美是一种精神的活动，是对个体生命和宇宙本质的感悟和体验。他的"游心"突破了时空的界限，充满了奇幻的想象，这种想象为人们提供了广阔的审美空间。庄子提出"朴素而天下莫能与之争美"（《庄子·外篇·天道》）、"澹然无极而众美从之"（《庄子·外篇·刻意》），要创造美则应当"法天贵真，不拘于俗"（《庄子·杂篇·渔父》）。道家的思想对于后来中国的艺术发展影响至深，甚至超越了儒家，中国后来的园林设计所追求的"虽由人作，宛自天开"正是受到了道家美学思想的影响。

（三）墨家美学与设计

墨家的美学思想主要体现在对实用和功利性的重视上。在墨子看来，"美"是"善"，因此称墨子伦理学意义上的"美"为"善美"。例如，《墨子·尚贤上》中的"美章而恶不生"以及《墨子·经上》中的"誉，明美也""诽，明恶也"，这里所谓的"美恶"也就是"善恶"。此外，墨子也注重实用和功利，强调"工巧之美"的概念，即美在于实用和效益。墨子认为，美的具体内容和含义包括事物的外在形式或形象的美观、漂亮等，如"西施之沈（沉），其美也"（《墨子·亲士》）。墨家思想在之后的中国文化、历史的发展过程中并不像儒家、道家思想影响那么大，但是其强调的美善同理、实用性和功能性统一的理念，对中国工艺美术的发展影响较大。在后世的设计中，工匠正是在功能性的基础上将中国的器物设计美善相济的特点进行了发扬，呈现出具有强烈中国文化特点的工艺美术风格。

（四）法家美学与设计

法家的美学思想注重功利性和实用性，强调形象和形式以及统一性和规范性，在秦朝设计中发挥了重要的影响，在后面的章节中将进行详细的论述。

儒、道、墨、法各家之说相互影响、互为补充，造就了中国光辉灿烂的文化艺术，也为今天设计的发展提供了取之不尽、用之不竭的思想源泉。

三∥当代之"觚"

当下，设计发展日新月异，设计手段的丰富和技术能力的提升，为设计创意的发挥提供了广阔的空间，人人提升了设计的可能性。以往通过人手很难达到的写实水平，在现代软件的加持之下变得容易实现；以往烦琐、精致的工业产品造型需要花费大量的人工、时间进行制作，而三维建模软件和3D打印技术使得这一过程变得简单；人工智能技术的发展，使得图形设计和视频生产不再是专业人士的特殊领域。在此背景下，我们的设计再次面对"觚不觚，觚哉！觚哉！"这样的问题，通过对"觚"造型之变的思考，我们应该认识到设计与技术之间是相互依存、相互促进的，不应局限于陈旧的思维。

设计需要依靠技术来实现其创意和目标，而技术也需要通过设计来实现推广和应用，其中真正能够在设计与技术之间起到决定作用的正是设计师，而成为一名合格的设计师又需要有深厚的美学理论功底，以正确的价值体系和审美认知，运用新技术、新工艺做好设计创新。

每个时代都需要有能与其相适应的设计思想，春秋战国时期各家美学思想都曾对当时的设计产生影响，其中有积极的也有消极的。百家争鸣的过程，各家之言在碰撞中相互交流、融合，孕育了后来的中华文明，影响了后来中国封建社会2 000余年的审美和设计表现。当下，科学技术的快速迭代，使得每一位设计师都面临"觚不觚"的选择。延续传统还是以开放的姿态迎接新技术？在设计中坚持什么样的设计理念？如何调和设计的社会价值与经济价值？一系列的问题需要每一位设计者去思考。保持开放的思维，积极地进行思辨，广纳博采，是找到和修正设计发展方向的可行方式。

第七章

硬核理工男

周孝王时，非子因为养马有功，被周天子封于秦，成为周代秦国始祖，秦国成为西周王朝的附庸之国。公元前 770 年，当时的秦国国君秦襄公举国之力派兵护送周平王东迁洛阳，被正式封为诸侯。自此，秦国成为周朝的诸侯国。在当时，秦国的地位与周朝开国分封的晋国、燕国、齐国等是无法比拟的，一直被认为是边陲小国，很少参与中原事务。春秋时期，虽然在秦穆公治下的秦国有过短暂的崛起，但是因为穆公将自己称霸时的功臣陪葬，导致其国力再次衰弱。秦国国力的真正强盛要从商鞅变法说起。

　　商鞅，春秋时期卫国人，公孙氏，名鞅，因此其本名应该叫作公孙鞅，后来因为在秦、魏河西之战中的功绩，而获封商君，于是历史上称其为商鞅。根据《史记·秦本纪》的记载，秦孝公即位后，励精图治，希望通过变法以强秦，于是向当时的诸国发出求贤令。商鞅带着自己的变法主张入秦，得到了秦孝公的认可，并被委以重任主持秦国变法，史称商鞅变法。商鞅变法以树立政府威信开始，如我们所熟知的徙木立信的故事，并以此揭开了秦国的变法大幕。秦国在变法过程中明确刑罚，实行严格的户籍制度和连坐法，加强社会治安管理；对内鼓励农业生产，提升国家经济实力；对外激励士兵作战，实行奖励军功的政策，提高了军队的战斗力。一系列的改革实施之后，整个国家的面貌焕然一新。《史记·秦本纪》记载："卫鞅说孝公变法修刑，内务耕稼，外劝战死之赏罚……居三年，百姓便之。

乃拜鞅为左庶长。"在第一阶段的变法取得阶段性成果之后，自秦孝公十二年起，商鞅变法开始进入第二阶段。在这一阶段的变法过程中，秦国废除了作为分封制基础的井田制，实行郡县制，改公田制为均田制和土地私有制；奖励耕战，对在农业生产和对外战争中获得功绩的人论功行赏，甚至可以给予爵位；统一赋税制度，推行按亩纳税的政策，充实国家财政；统一度量衡，方便商业交流，促进经济发展。"为田开阡陌封疆，而赋税平。平斗桶权衡丈尺……居五年，秦人富强，天子致胙于孝公，诸侯毕贺。"（《史记·商君列传》）商鞅变法使秦国在政治、经济、军事等方面实现了提升。政治上，推行郡县制，使秦国加强了中央集权，提高了行政效率；经济上，实行均田制和徕民政策，使大量他国移民涌入，在带来大量劳动力的同时，使农业生产得到了快速发展；治理上，统一法度、统一度量衡，降低了交易成本，使商业也得以快速发展；军事上，改革军功爵制度，显著提高了军队战斗力，使得秦军成为战国时期最强大的一支军事力量。一系列的改革措施使秦国国力大为增强，迅速崛起为战国后期强大的封建国家，为秦始皇完成统一大业打下了坚实的基础。商鞅方升，便是在变法过程中由国家颁布度量衡标准的实物例证。

商鞅方升是一件看上去普通的文物，现存于上海博物馆，其造型为一有柄的方形容器，是战国时期秦国的标准量器，距今 2 300 多年。方升造型简洁，除了有部分铭文，没有任何额外的装饰，在造型及做工上完全无法与同期出土的秦始皇陵铜车马相比，在气势上更无法与秦始皇陵兵马俑相比，但是 2013 年国家文物局将它列入第三批禁止出境展览文物名录，足见其文物价值之高。

‖ 商鞅方升
上海博物馆 ‖

光绪二十九年（公元 1903 年），晚清收藏家龚心钊从清晖阁购买了这件作为战国时期秦国变法实证的方升，并将其藏于龚氏汤泉别墅。龚心钊是安徽合肥人，他 19 岁中举人，26 岁中进士，曾任翰林院编修。他在光绪三十年担任过甲辰科会试考官，是清朝最后一任科举考官。①龚心钊一生都对文物收藏抱有较大的兴趣，并有着深厚的文物收藏及研究知识。龚氏家族不仅是外交世家，而且家族资本雄厚，拥有遍布合肥城好几条街的店铺，生活殷实。由于家族有着雄厚的财力和祖上收藏的贵重文物，热爱收藏的龚心钊在古玩界十分有名。在他的收藏品中，有许多精品，如宋代名家米芾、夏圭、马远等人的书画，宋汝窑瓷盘，工艺大师陈鸣远、时大彬等制作的紫砂壶等。龚心钊购买了秦商鞅方升后，对其进行了深入的研究，明确了其作为商鞅变法实证的文物价值，因而对方升十分珍视。后来，他的哥哥龚心铭用米芾的手卷与他做了交换。

龚心铭对待商鞅方升同样十分重视，因为他十分清楚此件文物对于整个国家的价值，在他临终时，告诉儿子龚旭人，商鞅方升是传国之宝，如果族人中有谁将其出售给外国人，就是民族的罪人。这个遗嘱一直被龚家后人遵循着，他们从不轻易展示，并对其进行精心的珍藏和保护。后来，无论是面对日本侵略者以权势相威胁，或是有人提出高价购买，或是有人以非常优厚、诱人的条件作为交换，龚家人从未动摇保护商鞅方升的决心。十年特殊时期，商鞅方升面临多次被损毁的紧急情况，上海博物馆多次保护了商鞅方升。这一时期结束后，按照先前的约定，上海博物馆将商鞅方升归还给龚家。为了更好地保护家族收藏的文物，龚家决定将包括商鞅方升在内的500余件珍贵文物转让给上海博物馆，从此商鞅方升便成为上海博物馆的镇馆之宝。由于龚氏家族的坚定保护和上海博物馆的多次挺身而出，我们今天才能够看到保存如此完好的商鞅方升。

每个国宝都有一段属于自己的历史，而一个强大的国家必定有统一的法度作为支撑，商鞅方升的历史便是一部计量史，是秦国变法图强的见证者，它不属于一个人而是属于整个国家，它的背后藏着秦国崛起的秘密，更藏着中国一统的强大力量。秦国统一文字，为后来中华文化实现一统，构建起延续不断的中华文明奠定了强大的基础，而以商鞅方升为代表的度量衡的统一，促进了中国经济社会的统一与融合，使得大一统的国家有了稳固的基础。接下来，我们就从商鞅方升开始，通过一些那个时代的设计，了解一下秦代所统一的度量衡。

---

① 关月.商鞅方升：一升量天下！[J].艺术品鉴，2019（22）：140-147.

一 // 统一度量衡

在中国的历史记载中，计量活动从很早就开始被提及，而计量本身也随着经济社会的发展在生产活动中得到应用，并扩展至国家经济运作中的土地分配、商业往来、交通出行、赋税缴纳、社会治理、军事战争等方方面面，成为一种政治权威的象征。度、量、衡，所对应的就是今天的长度、容量、重量，至晚至西周时期，一整套完整的度量衡管理制度就已形成。《史记·五帝本纪》中提及了黄帝曾"设五量"、舜帝曾与东方诸侯一起"合时月正日，同律度量衡"，这些都是与度量衡相关的事迹。尽管这些记载都已经难以考证，但显示了度量衡制度由来已久，并且至少在西汉司马迁著书之时，度量衡的统一已经作为国家统一、繁荣的重要标志而深入人心，因而将大量与度量衡相关的内容记载在了史书之中。

在出现了剩余产品与商业活动后，以货币为媒介的交换逐渐取代了以物易物的交换方式，这时需要对货物进行准确的计量，以为价值判断和商品交易提供主要依据。无论是在赋税缴纳还是在市场管理中，使用度量衡器进行计量都需要根据一定的标准，这套标准通过政治权力制定、推行，以维持社会政治经济的稳定。春秋战国时期无疑达到了中华大地上度量衡制度繁荣而混乱的一个顶峰，这一时期不仅各国之间的度量衡标准各异，　国之内随着不同政治势力的消长，度量衡制度也在不断发生改变。进入商鞅方升所见证的逐渐统一的时代，度量衡制度呈现出一种乱后大治的面貌，秦朝在颁布一整套度量衡标准的同时，铸造了很多标准度量衡器以保障其有效实施。流传至今的百余件秦朝度量衡器文物上绝大多数刻有诏书，而将这些实物遗存与同时期的文书、后世的文献相结合，我们可以大略一窥秦朝时的长度、容量与重量法度。或许由于制作材料不易保存，至今并未见到秦朝专用于"度"的器具，与当时的长度单位与实际标准相关的知识，多从文献记载与实物"量"器而来，而秦量、秦权则多有留存，使得我们今天能够知道一些通行的秦朝容量与质量规范。

（一）量——商鞅方升

商鞅方升作为商鞅在秦国推行变法统一度量衡时所制作的量器，见证了商鞅变法的过程，并提升了秦国国力。它作为一件标准量器，可以说是中华文明经济秩序奠基道路上的"强国重器"。方升的体量并不大，通长 18.7000 厘米，方升内口长 12.4774 厘米、宽 6.9742 厘米、深 2.3230 厘米，容积为 202.1500 毫升，和普通男性的手掌差不多大。在方升的器壁三面及底部均刻铭文，为我们了解那段波澜壮阔的历史提供了重要的证据。

在方升的铭文中，左壁刻："十八年，齐遝（率）卿大夫众来聘，冬十二月乙酉，大良造鞅，爰积十六尊（寸）五分尊（寸）壹为升。"这里所说的十八年为秦孝公十八年，即公元前344年。关于铭文中所记"齐遝（率）卿大夫众来聘"的含义，史家有一些争论：一种观点认为，方升铭文提及齐国卿大夫使团到秦国访问这样一个事件，是通过记录本年度发生的大事件来标记变法中方升容积统一的时间，是古人历史纪年的常用方式，这与铭文中"十八年"的用意相同，两则信息形成相互印证的关系；而另一种观点认为，齐国使团到访秦国的目的正是前来商讨、学习度量衡变革及施行统一的相关问题，这件事与方升铸造所承载的容量制度变革相关，故而在铭文中进行记载。中间部分铭文明确说明本升的铸造是在"大良造鞅"的主持之下，统一了容量计量标准。此时，商鞅的官职已经从变法第一阶段的左庶长，升为变法第二阶段的大良造。铭文中"十六尊（寸）五分尊（寸）壹为升"，说明本器物的计量单位为升，其容积为十六又五分之一立方寸，即规定了一升的容积。

与中空的柄相对的一端，刻有"重泉"二字。《史记·秦本纪》记载，"简公六年，令吏初带剑。堑洛。城重泉"，由此考证重泉为地名，其址位于今陕西省蒲城县。说明本方升是由政府统一制作后，作为标准器发放到陕西蒲城县的"重泉"，用作规范量器。

方升底面刻有另外一组铭文："廿六年，皇帝尽并兼天下诸侯，黔首大安，立号为皇帝。乃诏丞相状（隗状）、绾（王绾）：法度量则不壹歉（嫌）疑者，皆明壹之。"这段铭文因年代久远，部分文字已经残缺，其大意记述了秦在完成兼并六国、建立大一统帝国后的秦始皇二十六年，即公元前221年，始皇帝诏令丞相隗状和王绾，将商鞅既定的法度、衡量标准在全国范围内推行，用以代替复杂的列国量制。此诏被加刻于方升之上，其目的是宣示法令的出处，并体现重视。方升另外一侧器壁所刻"临"字，则显示了它在始皇颁发诏书时被发放到了"临"这一地区，作为标准量器。本段所记载内容与前一段铭文在时间上相隔有100多年，内容前后相继。

商鞅方升的铭文信息非常重要，不仅有确凿的纪年，而且明确地说明此器由秦国商鞅负责监制，在底部又加刻秦始皇二十六年诏书，说明秦始皇统一全国后的度量衡沿用了商鞅变法时所制定的标准。更难得的是，这些铭文内容与历史记载的信息能够相互印证、互为补充，商鞅方升是这百年历史延续与传承的见证者，凸显了重要的文物价值。

根据史料记载，秦代量的统一，设定斛、斗、升的三级进制单位，并在单位换算中实行十进制，十升为一斗、十斗为一斛，使得计量变得统一而便于计算。与商鞅方升同时代的量器还有同样收藏于上海博物馆的始皇诏铜方升，同样刻有铭文，经测量该器容积为 215.65 毫升，两者在容积上略有差异，产生误差的原因可能是当时的铸造技术受限及年代久远的金属锈蚀、变形等。秦朝作为中国历史上首个大一统帝国，在商君之法的基础上，为了对疆域进行有效管理，将秦国行之有效的法令颁行全国，并创立了一整套中央集权制国家机器。然而，春秋战国500 多年的分裂局面，使得各地难免保留了大量长期分裂状态下的惯性，因此除了对秦律的推行外，度量衡、文字、车轨等的统一便是其力图将国家整合为一体所做的努力。秦朝度量衡的统一为中华度量衡制度的建立、发展奠定了基础，汉朝基本承袭了秦代的制度，其计量单位和形制基本未进行改变。直至西汉末年，在王莽托古改制的背景下，度量衡制度方才又经历了一次大规模的考订与改革，并形成了中国古代社会中较为全面、系统、权威的度量衡理论体系，这部分史料由《汉书·律历志》所收录，并集结成为"审度""嘉量""权衡"等不同篇章，是对中国度量衡制度系统成文的最早、最完整的记录。

‖ 商鞅方升铭文 ‖

（二）度——车同轨

截至目前，在文物发掘中未发现作为标准器的秦尺，相关历史记载也没有清晰的说明，但是商鞅方升的出现，为我们确定秦代的长度单位提供了重要信息。商鞅方升上的铭文中所记"十六尊五分尊壹为一升"，即十六又五分之一立方寸为一升，这证明了此时的古人已认识到容量不是一个单纯的计量单位，可以通过"度"的方式计量容器各边边长推导出容积。这样的方式既准确又方便，和我们现在学习的容积计算方式一致，这一铭文中的信息与《汉书·律历志》中的"（量）以度数串其容"能够相互印证，说明我国古人最晚于战国时期就懂得了以长度计算容积的方法。根据铭文十六又五分之一立方寸为1升和对方升内壁尺寸的精确测量，通过简单计算即可以推导出秦国的一寸为2.32厘米左右。根据文献记载，秦朝的长度单位采用的是丈、尺、寸、分的十进制单位，故而秦国的一尺长度在23.2厘米左右。按照后来新莽时期"刘歆铜斛尺"的度量规范计数（尺长约为23.1厘米）进行计量，商鞅方升的容积换算为5.4寸乘3寸乘1寸，所得结果是16.2立方寸，这与方升铭文所记载的容积数值差距不大。如果考虑铸造时的偏差和当时技术条件的限制，秦尺与新莽时期23.1厘米的标准尺寸非常接近。受限于当时的方升铸造技术水平，加之年代久远导致的变形和积锈等误差，在没有更多相关文物出现的情况下，我们至今无法知道秦尺的确切尺寸。

秦朝尺度的统一为"车同轨"政策的实施奠定了基础。春秋战国时期的马车、牛车既是重要的军事武器，也是关系国计民生的重要运输工具，无论是军事力量的投放、重要物资的转运、各国之间的商贸往来都需要依靠畜力运输来完成。受到时代的限制，那时候不仅没有今天遍布城乡的柏油路，即使是征发大量的劳力对路面进行夯实加固和铺设石材也无法保证路面的平整和保持较好的承压能力，一遇降雨，道路地基软化以致路面松动，就会给马车运输带来不便。在古代，车轮是用木材制成的，文献记载，为了耐用，当时的工匠会在木轮的外周箍一层铁皮，以此使车轮能够经得起与道路之间的摩擦，不过在截至目前经考古发掘的遗迹中，都没有发现这样的车轮。不过，即便是木制的车轮，当车在泥土路面或石制路面长期行驶时，仍然会形成深深的车轮印，也就是车辙。车辙由于长期的碾压，底部较实，能够保证马车的平稳运行，并能够最大限度地减轻气候对道路运输的影响。在重要的交通线上，这种车辙会变得越来越深，如果车轮轨距差异过大，就无法嵌入既有的车辙，就会给运输活动带来不便。如果一侧嵌进较深的车辙之中，而另一侧位于平整的路面，会使得倾斜的车身有翻车的风险。联想到中国近代军阀阎锡山在山西境内铺设窄轨道，作为重要的防御设施，以阻止外省的军阀借用铁路运输兵员辎重的做法。春秋战国时期的列国在自己域内，采用不同的轨距，在道路运输上给他国造成不便，让外来军队的辎重运输车辆在进入不同轨距的道路后，变得难以行进，同样也是有其现实的考量。基于上述情况，秦代"车同轨"有着重要的现实意义。

在秦国不断对外征服的过程中，域内同轨的马车或牛车在使用过程中起到了高效运输战争物资的作用，而各国车轨的不同给其统一六国制造了较大的麻烦。待到统一天下后，"车同轨"政策便基于现实的考量迅速在全国推行开来。秦朝法令将六尺作为车轨的标准距。《史记·秦始皇本纪》记载车辆的尺寸："始皇推终始五德之传，以为周得火德，秦代周德，从所不胜。方今水德之始，改年始，朝贺皆自十月朔。衣服旄旌节旗皆上黑。数以六为纪，符、法冠皆六寸，而舆六尺，六尺为步，乘六马。"统一的车轨，将以前被国界隔断的商业串联在了一起，至此，虽然秦代不重视商业，但是车同轨之后齐国的海鱼、赵国的铁器、楚国的奢侈品得以在华夏大地的道路网中，被同一个运输标准调动起来，这不但是经济上的进步，更是秦政治力量的体现。

经考古学家的积极工作，已经找到多处秦皇古道，在距石家庄约 30 千米，井陉县城向东 5 千米处，就有一处井陉古驿道。此处地势险要，历来为兵家重地。秦始皇统一六国后，曾修筑四通八达的驿道，以咸阳为中心辐射全国，井陉古驿道就是其中重要的一段。此处的石质路面经过长时间的车轮碾压已经形成了较深的车辙。在《史记·秦始皇本纪》中记载："行，遂从井陉抵九原。会暑，上辒车臭，乃诏从官令车载一石鲍鱼，以乱其臭。"始皇帝去世后，公子胡亥和宦官赵高等人秘不发丧，将其遗体转运回咸阳所行经的路段据信就有此处。经测量，此处的车辙轨距为 1.4 米左右，这与上面经由商鞅方升得来的秦尺 23.2 厘米和六尺车轨合 139.2 厘米左右的轨距标准是相符的。

‖ 秦井陉古驿道
河北井陉县 ‖

为了便利交通，提高物资运输效率，基于"车同轨"的制度，从秦始皇二十七年（公元前220年），秦朝以咸阳为中心向外辐射，陆续修建了三条重要的道路：第一条驰道，向东通达燕、齐地区；第二条驰道，向南联系吴、楚地区；还有一条，是为了加强对匈奴的防御修筑的，从咸阳出发向北直通九原的秦直道。直道和驰道直达帝国边疆，有效地将全国联系在了一起。驰道的宽度约50步，车轨宽6尺。秦王朝大约耗时10年，形成了以驰道为主，以咸阳为中心，向四方辐射的全国交通干线，这种交通基础设施的修建，满足了其全国范围内军队调动、邮传驿递、公文传送等的需要，加强了中央对于地方的控制，这是古代国家政治上中央集权的体现。其中，北通九原的直道，是重要的国防工程，与万里长城一起，构筑起了立体高效的防御体系。值得玩味的是，秦朝道路交通设施的完善，一定程度上为后来秦末大泽乡农民起义创造了便利条件，使起义军可以迅速集结直插秦朝的统治中心。历史真的是太有意思了，这与商鞅"作法自毙"的故事是多么的相似啊。当然，从中华民族历史的发展讲，"车同轨"所带来的是整体文明的进步。从秦代开始，这种逐步健全的交通运输系统，成为后世中国封建王朝存在和发展的强大支柱，在政治、经济、文化的交流和统一方面发挥了积极的作用。自此以后，黄河、长江以及珠江流域等主要经济区的交通网络逐渐形成，交通的管理形式也日趋完善。在文化上，更加完备的交通系统，促使以华夏族为主体的多民族文化——汉文化初步形成。

1974年，秦始皇陵兵马俑的发现和持续的考古工作给世界考古界带来了巨大震撼。秦始皇陵兵马俑被誉为"世界第八大奇迹"。1980年，在秦始皇陵遗址的西侧，考古工作者通过勘探发现了一个铜车马坑，在那里出土了两架大型彩绘铜车马。秦始皇陵铜车马一号车出土时损坏情况严重，残破为1 325块，断口2 069个，缺失473处，大部分部件都有不同程度的变形与锈蚀。经过考古学家的不断努力和文物修复工作者的辛勤劳作，到了1988年，修复完成后的铜车马一号车展现在了世人面前。

秦始皇陵铜车马以写实的方式进行表现，对人物、马匹、车架、马具等都进行了精细的描绘。铜车和马具的写实描绘既表现了秦代车马的原貌，又凸显了秦代青铜铸造工艺的成熟，因此该铜车马被称为"青铜之冠"。铜车基本按照1∶2的比例进行缩小制作，以此推定，一号铜车的轨距为1.90米，二号铜车的轨距为2.04米，而兵马俑中的陶制战车轨距为1.80米，这又与上面的轨距推论不相符。关于这一差异产生原因的解释集中在天子仪轨的特殊性上，部分学者基于此对秦尺的尺度标准提出了疑问，个中谜团还需要通过考古和学术研究的继续推进方能解开。

‖ 铜车马一号车
秦始皇帝陵博物院 ‖

（三）衡——秦半两

秦朝在消灭六国后，统一文字、统一货币、统一度量衡，而货币的统一和"衡"的统一直接相关。秦朝统一发行的官方货币为半两钱，即我们常说的"秦半两"，其名字便是以作为衡的计量单位命名的。到了春秋战国时期，各国通行的货币都是铜币，因铜本身就具有一定的价值，因此作为货币使用时材料的重量便是其价值体现的重要载体。各国流通的钱币在形制上差异较大，著名的如晋国的铲币，秦国、魏国的圜钱，齐国的刀币等，都是以其造型特征来命名的，在钱币重量上存在着较大差异。秦国在统一六国之后，颁行法令废止了战国后期的六国旧币，并在秦国钱币的基础上加以改进，将圆形方孔的秦半两钱在全国流通开来，彻底结束了战国时期钱币形制混乱不统一的局面。秦半两铜钱的出现，标志着中国古代钱币制度及制作的初步成熟。现在已出土的半两钱平均重量在 7.9 克左右，在钱币正面方孔的左右两侧有"半两"二字。历史上，特别是近代，各地陆续有作为标准钱的权钱出土。权钱，是铸造钱币时使用的标准钱。通过发行统一权钱的方式，秦朝统治者实现了各地铸钱重量的统一，保障了经济运行的稳定。

‖ 秦半两铜钱
陕西历史博物馆 ‖

秦统一的重量单位体系主要包括石、钧、斤、两、铢。1石等于4钧；1钧等于30斤；1斤等于16两；1两等于24铢。根据对现在已出土的秦权、权钱、半两钱等的考证，1两为16克，这与秦半两铜钱的重量是基本吻合的。

值得一提的是，在出土的秦代半两钱中有很多只有指甲盖大小，被称作"榆荚半两"。据考证，这种半两钱的出现，应该是在秦末战乱期间，一些官员或商人，对半两钱进行修剪、重铸而成，这种行为相当于现在世界上一些政府通过超发货币的方式掠夺民间财富，可见一个国家政权的稳定和币制的稳定是紧密相连的。到了汉朝，统治者为了防止民间私铸钱币不符合国家标准或不法之徒私自剪小铜钱获利，在铸造钱币的时候增加了突起的一环，类似城墙，被称作"郭"，这样的铸币形式与秦半两的方孔圆钱造型被后世所承袭。

‖ 秦榆荚半两铜钱 ‖

二 // 物勒工名——秦始皇陵兵马俑

秦始皇陵铜车马的制作者，以写实的方式再现了秦代车马的原貌，反映了秦人务实的风格。秦始皇陵兵马俑的制作者同样采用写实的方式进行了人物形象塑造，在其制作中基本以现实生活为基础，造型手法细腻、明快。从尺度比例看，秦始皇陵兵马俑除去用于承重的基座部分，俑像的高度集中在170~181.5厘米。参考同时期发现的一系列古墓葬中男性的平均身高为166厘米左右，且考虑到其描绘对象为青壮年军人的特点，这个高度无疑是写实的。从形象描绘看，人物比例塑造合理，结构准确；每个陶俑的神态、装束特征突出；军种类型明确，形象鲜明、神态各异；人物的发式、服饰装束细节表现清晰；手的姿势根据兵种、情态、级别等的不同，呈现出自然而多变的姿态。从写实技巧看，在最能够体现人物特征的面部刻画上，每一个俑塑的造型都根据年龄、军种、地位有一定的差异性，表情和面部容貌刻画写实，对面部结构的理解和表现达到了较高的水平，体现了秦俑制作者高超的写实功力。

秦始皇陵兵马俑所表现的人物形象精明干练、精力集中，眼睛注视着远方。锐利的眼神仿佛在密切地关注着远方敌营的动向，似乎是在静静地等待主将冲锋的号令，没有一丝怠惰或慵懒。那紧闭的双唇、挺隆的鼻骨、硬朗的额头，线条刻画有力，如有斤斧之声，没有一块面部的肌肉是松弛的，没有一丝头发散乱，面部神情自信威严。这样的造型语言和人物形象的刻画，从侧面反映了秦军训练有素、纪律严明。这样的军队怎么可能战斗力不强，统一中国的大业也必将由他们去完成。

‖ 秦始皇陵兵马俑 ‖

秦始皇陵兵马俑在整体形式处理上采用了对秦军战阵的写实性描绘，为我们还原了秦军战阵的真实面貌。步兵、弩兵、骑兵、战马、战车、指挥方阵阵列整齐，分别按照真实的战争排兵布阵方式还原。正是这一完整再现的各军种战阵阵列和由众多个体构成的方阵，形成了作品强大的力量感，以震撼人心的形式感从视觉到心理给人以强大的艺术冲击力。如果单独看一两件秦俑完全没有办法感受那股力量，只有站在俑坑的现场，直面战阵，才能感受到强悍的秦国虎狼之师那股排山倒海、摧枯拉朽的滂沱之势。基于战争效率的战阵布局本身就有强烈的形式感，那静静等待冲锋号角的兵士，一字排开的战马和队列，整齐的战阵，以规律性的点线面的布局和整齐划一的形式，传递给观者的是群体力量的强大。

当我们置身兵马俑战阵之前时，震撼我们心灵的不是某个跪射俑的稚气未褪，也不是将军俑的坚毅沧桑、饱含智慧，而是这么多普通人组成的整体所形成的排山倒海的气势，直逼眼前的是秦军方阵的恢宏伟大和作为战阵个体以安静的姿态所共同营造出来的肃穆凝重。站在方阵前的你仿佛能够听到那悠远的战鼓声正要隆隆响起，脚下大地马上就要因大军整齐律动而震颤，战马的嘶鸣和勇士的喊杀声就要响起，这一切都是通过整体的形式感传达出来的。当面对那些被复原的排列整齐的俑塑，看到一个个秦帝国的军人一下子又从层层的黄土覆盖之下站立起来，这些人曾经是战场上运筹帷幄的将军、无畏的勇士，他们曾经战无不胜，横扫八荒、兼并六国。面对这些曾经鲜活的生命，有一股情感会从心底油然而生，在现场的你可能会像俑塑一样伫立冥思，可能会有面对历史大时代的慨叹，一个帝国的强大，曾经的叱咤风云，忽然之间被凝固下来变成了雕塑，变成了历史风化出来的几个符号，如此的安静，让人不禁思考人生价值的轻与重。

‖ 跪射俑 秦始皇帝陵博物院 ‖

‖ 将军俑 秦始皇帝陵博物院 ‖

秦俑之所以出现写实、理性的风格，与其创作的时代背景是分不开的。春秋战国时期由于中央王权的衰弱，争霸的各国为了富国强兵，以使自身能在乱世中获得一个有利的地位，不约而同地出现了对人才的强烈渴求。国家的分裂局面也为人才提供了可供施展的舞台，当一个人身怀壮志，却在这个国家不被重用时，他可以辗转到另外的国家去效力，如商鞅、韩非子等都不是效力于自己出生的国家。人才的流动使得人发展自己能力的机会多了起来，可以借由自己的智识和能力改变自己在社会生活中的地位和命运，我们知道这在稳定的西周时期几乎是不可能的，因为严格的宗法制度限制了普通人才能的发挥。正是在社会环境比较混乱的春秋战国时期，人的价值日渐受到重视，这是中国历史进程当中一个"人"觉醒的时期，孔子、孟子、老子、墨子、孙膑等，正是这个时代的典型代表。当历史进入秦朝时，映入我们眼帘的不再是那些神秘诡异、充满狞厉美感的图腾饕餮，而是以一个个犹如真人一般站立在我们眼前的俑像。

秦始皇陵兵马俑表现出前所未有的写实性特点，描绘对象为时代之下的真实形象的原因，除了春秋战国时期的准备、对人的价值的肯定，还在于秦国是一个把整个国家都绑在战车上的国家。秦国所有部门的运行都是围绕着战争展开的，这就需要这个系统必须步调统一、运行高效，而务实风格和严明的制度是其保障。秦国以法家思想治理国家，各类制度明确且严苛，每一个秦人在生活中都需以谨慎务实的态度扮演自己的角色。

在秦始皇陵兵马俑塑不起眼的地方，研究者发现了制作者刻于其上的名字。当然，这些名字的出现并不是为了记录工匠制作俑塑的功绩，更不是工匠宣示自己的创作作品，而是为了明确责任。这样的做法源于秦国的"物勒工名"制度，是秦国政府为有效管理官府手工业、控制和监督工匠生产、保证产品质量的一种手段。将这种制度运用于秦始皇陵兵马俑的制作过程中，一方面，能够加强对工匠制作过程的控制与管理；另一方面，通过明确责任，便于追溯，有利于作品制作质量的提高。如果俑塑制作中或完成后出现了问题，根据刻于其上的名字，可以很容易地找到责任人，并施以相应的问责机制。秦始皇陵兵马俑所呈现出来的写实风格及硬线条的造型处理方式、其整体造型所传递出的严肃紧张的氛围，除了是对造型对象身份的观察、理解和直接的写实表现，必然也包含了工匠在制作过程中的心情，传递了整个社会的紧张、务实氛围。

三 // 标准化的生产方式

秦朝的设计发展在统一度量衡、车同轨、书同文的背景之下呈现出明显的理性特点。当下出土的大量秦代文物，很少有类似春秋战国时期夸张、华丽的造型和繁复到无以复加的细节刻画，此时的设计常表现为满足理性和效率提升的需求。在秦始皇陵兵马俑的考古发掘过程中，发现了一些秦代士兵用的弩机和大量的箭矢。这些弩机的结构简单、实用，同样零部件尺寸误差在毫米级，如果有部件发生损坏非常便于在前线进行及时的维护、更换。出土的几万枚铜制箭矢，尺寸误差同样较小。根据弩机、箭矢的微小形制误差可以推断，秦朝在军事物资的设计和生产过程中，已经采用了标准化的方式，这种方式无疑会大大提高生产和战争效率，成为秦国统一六国的重要影响因素。这类似于现代战场上同一国家采用统一口径的制式枪支，在战斗中子弹可以通用，提升了战略物资的生产效率，便于战场上的物资补给。

标准化的生产方式，是生产效率提升的重要手段，是工业化产生的前提。当然我们无法空泛地假设理性的秦国如果能够稳定治理、保持国家较长时间的长治久安后是否会进入工业化时代，但是，我们不能否认理性的设计、标准化的生产在秦统一六国过程中所发挥的重要作用。经历了改革开放和中国社会工业化进程的我们，比任何一个国家的国民都更加清楚标准化对于一个国家的意义。在信息化时代的当下，标准化的含义有了新的维度。工业化时代的标准化更多地体现为生产工艺和流程的标准化，精密机床的设计和生产能力是一个国家工业发展的基础；数字革命、信息化时代，标准化更多地体现为技术标准的设计和创新，如作为新一代通信技术的 5G 技术标准就是一例。当下的设计在数字技术、人工智能、3D 打印等技术的支撑下，虽然呈现出个性化、多样化的一面，但其迅猛发展的基石还是标准化。

第八章

左衽与右衽

2012年10月22日，在《北京晚报》的"教科版"报道中出现了这样一则信息：武汉市七一华源中学的一名学生，名字叫李舒曼，对人教版历史教科书中一幅表现大诗人屈原的插图内容进行了质疑，认为画中的屈原所穿着的服饰"左衽"不妥当。新闻评论中提到：专家介绍，右衽汉服是中华民族的传统服饰，在中国古代，只有死者和部分少数民族才穿左衽服装。以此对这位中学生的质疑进行了支持。

‖ 屈原像
中国历史博物馆通史馆 ‖

　　这一则新闻出现后，迅速在社会上引起了广泛的关注和讨论。据了解，被质疑的这幅插图屈原像，来自中国历史博物馆通史馆中陈列的屈原画像。该作品是由现代画家根据历史记载中关于屈原形象的描述所创作的绘画，其原作表现的屈原服饰是右衽。在教科书选用这幅作品作为插图进行印刷排版时，因为版式设计的原因，将图像弄反了，而在校对过程中又未能及时发现问题，于是就出现了插图中的屈原服饰左衽问题。针对这位中学生指出的问题和专家的批评，人民教育出版社历史室全体工作人员深表感谢和歉意，并表示将对教科书内容进行修正。

　　这则新闻的出现，引起了一场学界对于中国传统服饰制度的探究和热议。那么，什么是衽，又为什么有右衽或左衽的区别呢？衽，也就是衣服左右之衣襟。关于衽有两种理解：第一种，是说古代人穿着深衣，对襟相互遮掩束于腰间，衽就是衣裳两旁之续边交叠在一起；第二种，认为衽仅仅是衣襟左右侧面的布幅，与穿着状态无关，而"左衽"或"右衽"中加上左右进行限定说明，即表示穿着状态下的左右衣襟遮掩方式，所谓右衽，即将前襟向右遮，左边的衣襟压住右边的，这种穿着方式就是右衽，反之则是左衽。

　　在《北京晚报》报道中所提到的屈原所穿服装应该是"右衽"，这种说法有其出处。《论语·宪问》中记载："管仲相桓公，霸诸侯，一匡天下，民到于今受其赐。微管仲，吾其被发左衽矣。"意思是说，在春秋时期，管仲作为齐桓公时期的重要大臣，帮助齐国争霸诸侯，他所提出的"尊王攘夷"的国策，实现了"九合诸侯，一匡天下"，帮助齐国成为当时的霸主。"尊王攘夷"的国策，在感召各诸侯国跟从齐国，使齐国获得政治优势的同时，也使中原得以免遭外来势力的侵袭，汉族文化得以保存，体现在服饰上就是延续了中华衣冠制度——束发、右衽。因此才有下一句，"微管仲，吾其被发左衽矣"，意思是说，要不是管仲"尊王攘夷"的争霸国策，集合各国力量，消除边患，我们可能就要改弦更张，届时整个国家的制度都会因少数民族的统治而发生变化，服饰制度上就会采用夷狄"被发左衽"的服饰样式——披散着头发，衣服的款式也会改成左衽了。

　　在这个事件中，也有部分学者认为即使将屈原的服饰表现为"左衽"也无不妥，他们认为当时的楚国地处边远，屈原穿"左衽"服饰也有其可能。有学者列举出了一些案例，如春秋时期的越王勾践就曾经剪发（不束发）文身、卧薪尝胆，最终消灭吴国，洗雪前耻，称霸一方；赵武灵王胡服骑射，改变服装样式提升军队战斗力，从而扫除边患、开疆拓土，成为一时雄强。于是才有了墨子"行不在服"的言论，意思是说有作为不在于服饰制度。一系列的争论，将国人对于汉服、中国传统服饰制度的关注度连续推高。

历史的久远，使得我们无法回溯细节，也就无法还原屈原所穿着的服饰究竟是左衽还是右衽，但了解中华民族的服饰发展历程和服装之美，对于设计创新和当下民族文化自信的建构有重要的现实意义。

一 // 汉服

服装，作为人类文明发展过程中必不可少的设计类型，其形式演化既是历史的痕迹，也是一个民族的艺术语言和文化符号。服装的出现，在最初所提供的是保暖、防护的功能性价值。随着人类文明时代的到来，服装所承载的作用迅速丰富起来——遮羞、装饰、表现美、承载美。阶级社会中，服装的内涵丰富而多元，被用以"分尊卑、别贵贱"，通过服装形制体现身份、地位、个性、境遇等。

汉服最早是对汉朝服装和礼仪制度的代称，随着民族融合和文化发展，汉服逐渐成为以汉人为主体的华夏民族服饰文化的统称。这一名词的出现源于网络词汇，由年轻的服装设计学生和传统服饰爱好者最早使用，随着使用频率的日益提升和人们对于传统文化的重视而被社会大众广泛关注，并逐渐成为被社会和业界广泛认可的概念。在中华民族发展的历史长河中，服装的形制变化与中华文明的发展同步，随着汉民族在形成过程中与周围民族的不断交流融合，中国的传统服饰也在发生着改变，形成了独特的服装设计风格和形制。汉服，正是对这一过程中汉民族传统服饰的统称，现实生活中也被称为华服、国服、华夏衣冠。

汉服无论是款式、配饰、工艺、装饰、色彩还是形制，各类要素都有着丰富而独特的含义，见证了中国历史的发展与变迁，成为华夏民族精神与文化的重要体现。中华优秀传统文化中所蕴含的哲学思想、礼法制度、道德观念、世界观、价值观等，都具体体现在汉服的发展变迁之中。在中国社会发展的历史长河里，服饰制度基于实用功能、社会功能、审美功能的需求变化而发生演化，在世界服饰文化中形成了自成体系的完整系统，其发展所达到的高度，是其他服饰文化发展所无法比拟的。

随着中国经济社会的不断发展，国人对于设计原创性的要求越来越高，研究中国传统服饰文化，在为相关行业带来巨大经济利益、帮助国内服装企业树立品牌价值和文化影响力的同时，对于提升我国设计界的内生创新力、复兴中华优秀传统文化有着不可替代的作用。汉服是中国传统设计中颇具典型性的工艺形式和重要载体，认识、了解、研究中国传统服装设计的发展历史，发掘中国传统服装设计背后的深厚内涵，对于在 21 世纪提升我国文化软实力具有重要的意义。汉服的形制、装饰、演变和底蕴为我们当下的设计发展提供无尽的创意源泉。

（一）汉服起源

汉服的起源和中华民族的发展源头相合，正是中华民族的形成和中国文化的兴起孕育了汉服，并不断为其发展、演化提供滋养。《春秋左传正义》中有记载："夏也，中国，有礼仪之大，故称夏；有服章之美，谓之华。华、夏一也。"中华民族的形成是一个丰富多元的文化融合过程，礼乐制度、服章仪规的形成过程与之同步，服饰仪规贯穿于人们的日常生活，对民族文化的形成有着重要的影响，是重要的社会意识载体，因其重要性，后世王朝对华夏衣冠正统的继承为历朝历代非常重要的国事。班固《汉书》记载的"后数来朝贺，乐汉衣服制度"，是"汉服"概念在史料中最早的记载，此处的"汉服"指代的是汉朝时期的服饰及礼仪制度，现在则成为以汉族传统服饰为代表的中华传统服饰的统称。

汉服制度的基本特征是上衣下裳、隐扣系带、交领右衽、宽衣广袖，其发展源头是华夏衣裳，可以追溯到"五帝"时期，华夏衣裳是黄帝发明的："黄帝之前，未有衣裳屋宇。及黄帝造屋宇、制衣服、营殡葬，万民故免存亡之难。"新石器时代晚期，原始先民开始懂得利用纤维材料，创造纺织技术，用织成的麻布来做衣服。到了后来，人们种桑养蚕，出现了丝织业，丝绸成为新的服装材料。汉服的发展演变，受各种社会因素的影响和制约，有着明显的时代特征，既有形制传承又不断吸纳创新，其总体趋势是不断融合、发展、完善，并最终形成了丰富多元的服饰系统。

夏、商、周三朝，是中国服饰制度的形成时期，特别是到了东周，随着生产力的发展，经济文化和社会制度经历了深刻的变革，诸子百家的学术争鸣，对汉服制度的形成起到了重要的推动作用。春秋战国时期，诸侯国之间战争多发，各国为发展国力往往鼓励耕织、推动贸易，各国间的文化交流和商贸往来日益频繁，为各国的服饰文化交流、融合提供了机会，是汉服制度形成的重要基础。这一时期，冕服制、深衣制等影响中国后世服饰发展的基础性规范形成，并被各种典籍记载和固定下来，影响后世数千年。秦朝统一六国后，基本承继周朝服饰制度规范，并将之在全域推行，所变动之处主要为基于五行相生相克之说的服饰色彩变化和帝王服饰形制及装饰规范，因其存在时间较短，并未在基础服饰制度上形成大的革新。汉朝是汉服形态的成熟时期，因汉武帝接受董仲舒的主张"罢黜百家，独尊儒术"，自此儒家思想深刻而长久地影响了汉服制度。"规矩权衡"等服装剪裁规范与天人合一理念的结合、"深衣制"之直裾与曲裾、"天地玄黄"的色彩体系，在服装设计中被广泛应用。到了唐朝，整体国力的强盛和高度的文化自信，使汉服的发展呈现出明显的开放性，而对周边少数民族和外国服饰文化的引进与吸收，促进了汉服形制的改革与创新。宋代儒学思想继续发展，程朱理学影响和规范着宋人的生活态度和审美情趣，形成了宋代特有的儒朴风格，含蓄、内敛为其服饰审美的主要特点。明朝专制制度进一步加强，社会资源的集中、纺织技术的进步，使得宫廷风格华丽、精美，明朝中后期资本主义萌芽的出现，底层商业的发展，促进了服装形制、色彩、装饰的丰富，"飞鱼服""马面裙"等近年来网络热炒的服装款式都来自明朝。到了清朝，"剃发易服"，使得汉服的发展受到了深刻影响，少数民族服饰被引入，融合发展出了长袍马褂、旗袍等新的样式。

（二）汉服制式

● 基本形制

（1）衣裳制。衣裳制是汉服主要的形制结构之一，上下装分开剪裁，上衣为衣，下衣为裳。在《释名·释衣服》中，东汉时期刘熙对汉服上衣下裳的结构有这样的阐释："上曰衣，衣，依也，人所依以芘寒暑也；下曰裳，裳，障也，所以自障蔽也。"这样的服装制式用于朝会、祭礼等重要的典礼仪式，是出席正式场合时的装扮，搭配冠冕、玄端等配饰，是君主、百官的正式礼服。在色彩搭配上往往体现为"衣正色，裳间色"，上衣部分使用的色彩强调端正、纯一，体现庄重之感，下裳部分则讲究色彩之间的交错搭配，与上衣形成对比之美。上衣下裳制产生时代是先秦，奠定了后来汉服发展的基础形制。

（2）深衣制。在中国古代，深衣制有别于上下衣分开缝制的衣裳制，其所采用的形式是分开剪裁、一体缝制，上下两部分在腰部相连，形成整体，即上下连裳。用一件衣服包裹全身，达到"被体深邃"的视觉效果，故称深衣。深衣是古代诸侯大夫居家穿着的休闲常服，也是庶人的常礼服。深衣制形成于周朝，在汉代发展完善，从先秦到明朝末年，深衣制的流传时间前后有3 000多年，具有较高的普及率，且男女都可以穿着，其大气儒雅、中正平和，在简洁中渗透着中式审美的儒朴之美。

深衣的常见形式分直裾和曲裾两种不同的样式。"裾"原意是指袍服的前襟，泛化意思指代前后襟。直裾，在服装结构上，左大襟从前胸绕向右后方，用腰带缠绕固定，然后其边缘剪裁垂直而下，故称直裾。直裾简洁干练、中正肃穆，是历代男子通用服饰，影响较为深远。曲裾，从字面意思讲就是弯曲盘绕的裙子，相较于干练的直裾，其左右大襟交互叠压，层层盘绕，最后系于腰部，其曲线优美流畅，望之似有动感，令人赏心悦目。曲裾在汉代侍女俑、画像砖、画像石及墓葬壁画中常见，原初男女皆可穿着。因男子的步幅较大，其造型为下部宽大，以便于行走。后来一般为妇女穿着，通身紧窄，下部呈现喇叭花状，其形制特点是长可曳地，行不露足。

‖ 塑衣式彩绘直立侍女俑
西安汉景帝阳陵博物院 ‖

深衣裁剪有着十分明确的规范和要求。《礼记·深衣》言："古者深衣盖有制度，以应规、矩、绳、权、衡。短毋见肤，长毋被土。"阐明深衣制各部分的结构和剪裁都有其象征意义，如袖口的圆形对应的是规，领口的角度对应的是矩形，前后衣襟的剪裁为矩形，衣袖的剪裁为规，亦即圆弧形。圆形代表谦和礼让，矩形象征无私正直，以规矩方圆对应天地，寓意天人合一。衣服的背部贯通的中缝缝合线为绳，绳走直线，代表正直和公正。衣服的下摆齐平如作为标准计量器的权衡（秤砣和秤杆），象征着公正无私。

（3）袍服制。袍服制的服装样式与深衣制的视觉感受相似，通体深邃，但是相较于深衣制上下衣分开剪裁再于腰部缝合的复杂结构，袍服制采用上下衣通裁，即用一块布裁出，上衣和下衣贯通，中间无接缝，自然一体。这样的服装剪裁形式，明显区别于衣裳制和深衣制，袍服制在隋唐时期开始流行。通裁制袍服的种类很多，如圆领袍、襕衫、直裰、直身、道袍、褶子、长衫、僧衣等。袍服通裁流行的时期是宋朝和明朝，皇帝贵族平时也喜欢穿着，更是文人骚客的休闲装。相较于深衣制，袍服制的服装更加轻松自如，符合文人雅士所追求的潇洒飘逸、清净自在的生活状态。

‖ 三彩釉陶载乐骆驼
中国国家博物馆 ‖

（4）襦裙制。襦裙制，其形制同样是上衣下裳的结构，相较于衣裳制，襦裙服弱化了烦琐的礼仪规定，形制变化丰富，一般用于常服穿着。汉朝以后又被特指为女子襦裙，短衣长裙，腰间以绳带系扎，衣在内，裙在外。"襦"一般指"衣"，襦裙制的襦形制为短上衣样式，资料中常见的形式有上襦、短袄、短衫、半臂等。"裙"相当于上衣下裳中的"裳"，为下半身所穿，包括裙、裤、蔽膝、围裳等。各朝各代在襦裙的基本形制下衍生出高腰襦裙、半臂襦裙、对襟襦裙、齐胸襦裙等款式，是古代女子的服装样式，形成了独具特色的视觉美感。近来大火的"马面裙"即襦裙制的裙装款式之一。

‖ 宋晋祠侍女像
山西晋祠 ‖

●主要领型

汉服的领部造型常见为"交领右衽"的形式，"交领"即领口交叠，"右衽"也就是前面提到的，左边的衣襟压住右边的。汉服虽然经过了几千年的发展，但是"交领右衽"的形式一直得以延续。除交领外，"直领"和"盘领"常作为补充形式出现。襦裙服中常见直领，双领不在胸前交叉，而是在胸前相互平行垂直而下，部分在腰部系带，部分则是直接表现为开敞式。开敞式的直领领型，常在半臂、罩衫、褙子等款式的襦服上使用，在宋代绘画作品、彩塑中较为常见。盘领主要在男装服饰中使用，其领口造型为圆形，类似于瓷器的盘子，因此得名，在领口的右侧系带，其结构同样为右衽，常在隋唐官服中使用，宋代之后的便服也常使用这一领口形式。

●主要袖型

汉服的袖子造型具有强烈的个性化特征，袖子在汉服中又被称为"袂"，其形制变化在汉服的局部结构中是较为丰富的，受到传统礼教、民族意识、民族融合、文化变革等方面的影响较大。袖型在不同的时代变化较大，其变化实质是社会变革的体现。汉服礼服中的袖型特点是袖宽大而长，也被称为广袖，这种形式在世界其他民族服装形制中非常少见。宽袖造型所体现出来的是人物典雅、庄重、飘逸的风度，这种袖型既具有透气、散热的功能，也具有携带随身物品的功能。在深衣制中，关于袖子的长度有特别的规定，要求垂手而立的时候不露出手部，在手臂伸直时可以"回肘"，当伸直手臂，袖口能够从指尖处向回折叠并堆叠到手肘的位置。这强化了着衣者整体形态的美感，特别是在举办仪式过程中做各种典礼动作的时候，衣袂飘飘，显得庄重、典雅，富有雅士之风。当然，汉服中不仅有宽袖一种，小袖口的服装也是常见的，如劳动人民劳作时的服装、军服、冬季的服装等。各个朝代因为时代审美的变化，其袖型也有明显差异，汉唐时期常见广袖，宋明时期小袖较多。

●隐扣系带

隐扣，是在汉服的形制设计中没有扣子或将扣子隐藏起来。一般情况下，汉服是没有扣子的，常见的服装固定方式是用系带打结，即使有扣子也是用带状布料盘结而成。古代礼服中常见宽幅大带，常服中用长带，无论是大带还是长带都有实用性和强烈的装饰美感，且系带所选取的材料一般与衣服所使用的布料相同。汉服的带子除腰带外常见还有两对，分别是左侧腋下与右侧衣襟的带子，这两对带子起固定衣襟的作用。盘扣是古老中国结的一种，具有强烈的装饰美感，也称为盘纽、纽襻。

二 // 汉服中的文化要素

服饰，最初以功能性满足为导向，以各类服装材料特点为基础，强调保暖御寒、蔽体遮羞等功能需求。随着社会的发展，在功能性得到满足之后，服装中的民族性、阶级性、文化性因素逐渐超越了实用性需求，使族群、信仰、伦理、审美、环境、社会功能等传统文化要素，逐渐成为汉服形制变化的重要影响因素。

（一）社会伦理道德因素

在中华民族的发展过程中，哲学思想和伦理道德是中国传统社会秩序的核心组成部分，是中华民族传统文化的思想基础。中国的传统社会是建构在宗法制度和血缘关系基础之上的，所谓家国一体。《周礼》中记载的中国汉服制度，有重要的道德教化意义，因此服饰的制式，特别是举行重要的典礼仪式时的服饰制式要求较为严格，违反传统服饰制度的着装被视为不道德。

例如，《礼记·深衣》中记载："具父母、大父母，衣纯以缋；具父母，衣纯以青；如孤子，衣纯以素。"这强调如果父母、祖父母俱全，深衣的镶边可以采用绣制五彩花纹的布料；如果只有父母健在，深衣的镶边可以采用青色布料进行装饰；如果是父亡母存的孤儿，深衣的镶边就采用素白的布料。这样一个简单的服装镶边装饰，所承载的却是中华传统文化中的深沉孝道。基于服饰的信息传递，看一个人的服装镶边装饰即可知道其大概的家庭情况，这体现的是服装设计中的社会功能。孔子在《论语·泰伯》中提到夏禹"恶衣服，而致美乎黻冕"，意思是大禹平时穿衣节俭，而参加祭祀仪式时用的冕服却非常精美，所强调的也是服装的社会伦理道德因素。

（二）社会政治及宗教因素

汉服的形制变化常受到社会政治因素和宗教因素的影响。服装设计在中国古代历来就有"别上下，辨亲疏"的作用。在夏商周三朝，服饰分尊卑的功能日渐强化，并逐渐形成一套完整的系统。中国古代的服饰文化传递的是一种礼仪文化，人们按照严格的规定，身着礼服，祭祀天地、敬奉鬼神、参拜祖先，通过严格的礼制，辅助社会治理，形成秩序化的社会结构，起到以礼制教化民众、稳定秩序的作用。讲究遵从古制的儒家，强调内"仁"而外"礼"，即通过"礼"来规范人们的日常行为，从而达到辅助治理、社会有序之目的。前面提到的上衣下裳的规范便是来自《周易》的记载："黄帝、尧、舜垂衣裳而天下治，盖取诸乾坤。"在夏商周三朝之后，历代统治者便将服饰规范作为治理的重要环节，并围绕尊卑、等级的观念来进行发展和完善。自汉代开始，儒家思想成为官方推崇的正统思想，为封建秩序的建立奠定了基础。这一思想强调礼仪和象征体系的重要性，而服饰作为其中的重要道具，不仅彰显了个人的文化修养和身份地位，还约束着言谈举止。这种"垂衣而治"的象征体系赋予了服饰除物理、生理功能外的社会功能。

以色彩来体现等级身份是中国古代服饰突出的特点，古人根据阴阳五行学说，将金、木、水、火、土所对应的白、青、黑、赤、黄五色称为正色，把绿、红、碧、紫、骝黄五色称为间色，认为正色高贵，间色低贱。这样的色彩区分最早并没有直接体现在服装上，而是体现在饰品上，如在玉饰中有关于色彩等级的要求。根据身份的尊卑有着不同的要求，如天子佩戴白玉，公侯爵位的人佩戴山玄玉，士大夫阶层佩戴水苍玉等。在早期没有对服装的色彩进行明确的等级规定，主要与生产力低下、纺织染色能力不高有关。到了秦代，因为其兴自中国的北方，而其前代周朝被认为有火德，而秦以五行相克之说，认为自己有水德，在五行方位中，水在北方对应的色彩为玄，因此在举行典礼仪式的时候，秦朝统治者所穿着的服饰便以黑色为主，但并没有规定哪些等级的人不能穿着黑色。随着生产力的发展，服装的色彩取向和色彩审美在汉朝逐渐形成体制，强调贵族用正色，但因为汉代中后期的社会动荡，手工业生产受到破坏，汉服的制作、色彩的提取、染色技术都受到影响，故而没有得到很好的贯彻。到了唐朝，社会稳定、手工业发展及纺织染色技术成熟，服装的色彩呈现变得多样，为用色彩来进行区分和限制奠定了基础。唐朝时期，统治者以政治因素为导向，为了维护自身在臣民中至高无上的权威地位，从服饰穿着上将自己与臣民进行了区分，这一导向不仅在服饰纹样和样式上将自身神圣化，执行严格的服饰制度，并且在服装的色彩选择方面强化了皇权的不可侵犯性。唐朝在隋朝"天子常服唯以黄袍"的基础上，规定将明黄色作为帝王的专用色彩，后来又禁止民间在服饰上使用明黄色。穿黄袍成为帝王的专权，普通人的服装主要是皂、灰白（棉麻原色）、蓝等色。这一帝王专属服饰色彩发展到后来逐渐泛化，甚至帝王专用的御案、缚床帷幔等物品也用明黄色。清朝时期，御赐黄马褂成了一种对功臣的赏赐，当然这赏赐得来的黄马褂也不是随便什么时候都可以穿的，其体现的是一种象征意义。

作为重要的社会文化因素，宗教在汉服的发展过程中也产生了重要的影响。原始宗教中，崇拜对象是由动植物造型抽象提炼出来的"神灵"，这些被抽象出来的造型成为服装设计中的图案素材。比如，龙是中华民族的传统图腾，在龙袍中使用龙纹作为装饰就是一种将帝王神圣化的宗教思想，喻指皇帝是天子，代表上天来统治万民。

（三）传统习俗因素

汉服，不仅仅是穿在身上的服饰，更蕴含着中华民族几千年的传统积淀，浸润着地域文化、民族习惯等。传统习俗与道德宗教一样都有规范人们思想和行为的作用，但与之也有不同。传统习俗是人们的日常生活方式、行为习惯和社会习俗的集成，对服饰的发展变化影响更加直接，其表现形式也更加容易被理解和接受。中华民族数千年的发展和传统文化、民间习俗的积淀对服饰的发展产生了重要的影响。中国地域辽阔、民族众多、文化类型多样，不同民族的服饰各具特色，分别承载着不同的传统文化和生活习俗内涵，形成了各具特色、异彩纷呈的服饰序列。以民族分，蒙古族的质孙服、满族的旗袍、傣族的筒裙各不相同，反映着不同民族的生活习俗和生产方式。以地域分，在明清时期，同样是汉族，北方服饰色彩亮丽、对比强烈，南方服饰则色彩相对含蓄、淡雅内敛，这与生活环境的影响有着密切的关系。

在不同的节日，民间对服装色彩也有约定俗成的规定。比如，在春节里，服饰以红色等鲜艳的颜色为主，强调喜庆热闹；清明节的衣装则要肃静，以示态度的庄重；端午节，为了驱邪避害，儿童要戴虎头帽、穿五毒衣等。传统习俗对服饰的影响体现了多元的文化因素，昭示着丰富的文化内涵。研究传统习俗与服饰设计的关系，对于理解和认识中国传统服饰的审美内涵具有重要的意义，其形成机理，又为当代的服饰设计语言创新提供了多元路径。

三 // 汉服复兴

汉服，在中国有着悠久的历史和独特的体系。然而，近代以来，随着西方文化的传播、从农业到工业化生产方式的改变、外来生活方式的影响等，外来服饰特别是西方流行服饰成为人们日常生活中的主流服饰。在此背景下，汉服在我们日常生活中出现的频率逐渐降低，汉服逐渐衰落。经历几十年的改革开放和经济发展之后，一些有识之士认识到汉服作为华夏文化的重要代表，其复兴和发展具有现实和传承民族文化的双重意义。

在服装设计方面，我们不反对借鉴西方设计，但反对盲目照搬和模仿。中国服装设计界对于传统服饰文化的发掘尚存在不足之处，对传统汉服的研究还不深入、不系统，未形成差异化、有特色的服装设计创新体系，特别在文化内涵的发掘方面还远远不够。传统的汉服文化对于我们今天的设计师而言，具有大量的学习空间，如传统礼服的高贵淡雅、士大夫服饰的飘逸潇洒、民间服饰的朴素实用、民族服饰的丰富多元等。面对激烈的服装产业竞争，国内设计师应增强文化自信，系统研究汉服的文化内涵，结合时代背景和审美特征进行创新运用。只有这样，才能在国际设计界获得更为有利的地位，形成具有源文化背景的氛围和自主设计话语权。

汉服是中华民族优秀文化的瑰宝，是经过几千年传承的宝贵遗产，对于汉服的复兴，并不是将传统汉服进行原封不动的就地重启，而是对其精粹进行科学合理的传承，应在复兴汉服的过程中抱持客观态度，既不过度夸大其在文化振兴中的作用，也不轻视其文化意义。对于汉服元素的传承和发扬，在深入挖掘其所承载的深厚文化内涵的同时，应结合时代背景和审美特征进行选择性的发扬。比如，汉服设计中的尊卑观念、等级意识，在当代的设计中是应该抛弃的；在传统汉服的设计中"原生态"的设计思维，需要结合实际加以革新、优化；部分经历时间检验的经典款式、装饰中的自然之美应该继承和发扬；部分烦琐的款式难以适应现代人快节奏的生活状态，需要加以改良。在汉服复兴的过程中，设计师应该在注重复兴传统服饰文化的同时，进行深入的市场调研，根据当代人的审美标准、生活节奏、穿着场景的变化，针对性地开展设计创新，避免闭门造车、孤芳自赏。在汉服复兴中，要以开放的心态和创新思维对汉服进行研究，将现代设计方法与传统汉服的形式、文化内涵相结合，将传统文化与时尚元素相结合，推陈出新，以开放思维弘扬汉服的精华部分，以借鉴传统、融合现代的方式进行设计，是实现这一目标的必要且有效的方式。

第九章

曲水流觞

　　"永和九年，岁在癸丑，暮春之初，会于会稽山阴之兰亭，修禊事也。群贤毕至，少长咸集。此地有崇山峻岭，茂林修竹，又有清流激湍，映带左右，引以为流觞曲水，列坐其次。虽无丝竹管弦之盛，一觞一咏，亦足以畅叙幽情。"相信练过书法的人对这段文字都不陌生，这是王羲之所作的《兰亭集序》，其书法作品被称作中国第一行书。文中记录的是东晋时期大书法家王羲之和朋友们参加的一次民俗祭祀活动。

　　"修禊"是中国古代的基本祭祀之一，在某个月中的"除"日进行，这一活动起源于阴阳八卦中的十二建神——建、除、满、平、定、执、破、危、成、收、开、闭，用以祈福、禳除灾疠。按古代习俗，于阴历三月上旬的巳日（魏以后固定为三月三日），到水边赏春踏青。春日万物生长，易生疾病，此时于水上洗濯，可以防病健体。《后汉书·礼仪志》记载："是月上巳，官民皆洁于东流水上，曰洗濯祓除，去宿垢疢，为大洁。"可见，我国南朝刘宋时期即有"祓禊"（祓是古代除灾祈福仪式）。

　　在永和九年（公元353年）的三月初三，王羲之和一众名士在浙江会稽山北侧的兰亭这个地方参加"修禊"。在这活动举行的过程中，参与人员在水边列坐，将羽觞杯浮置溪流顺流而下，杯子流经谁的跟前停住就要饮酒并作诗一首，如果作不出诗就要接受罚酒。这就是"曲水流觞"的典故。这样的活动真是叫人神往，不像我们现在的喊拳行酒令，喧闹有余而无雅趣。

‖ 马王堆汉墓"君幸酒"云纹漆耳杯（羽觞杯）
湖南博物院 ‖

　　文中的羽觞杯是古代的一种酒杯造型样式，其外形为椭圆形，杯体较浅，平底，两侧有半月形双耳，因双耳类似于鸟的翅膀，故名羽觞。这种造型的杯子在战国时期就已经出现，汉代时被定名为羽觞杯。在考古中发现的羽觞杯主要材质有漆、青铜、金、银、玉、陶等，其中青铜羽觞杯主要出现在战国到汉朝，漆器羽觞杯则较多出现在汉代至唐朝，而陶制羽觞杯大多作为明器（陪葬品）使用。各类材质中漆器最多，湖南长沙杨家湾六号墓就曾一次出土 20 件。自羽觞杯定名以来，觞就是其简称，在后世又被引申代指酒杯。三国时期曹植所作《七启》诗云："盛以翠樽，酌以雕觞。"唐朝诗人李白所作《留别曹南群官之江南》诗曰："愁为万里别，复此一衔觞。"汉代、三国、隋唐羽觞杯较为常见，因此这两处所用的觞字应该都是直接指羽觞。而宋代欧阳修所作《浣溪沙·灯烬垂花月似霜》词云："双手舞余拖翠袖，一声歌已醋金觞。"因为唐朝以后至明朝羽觞杯几乎不见，因此词中的"金觞"应该泛指酒杯。

　　《兰亭集序》中曲水流觞所用的杯子一定是漆的，因为以木胎做漆的羽觞杯轻，不会沉底，即使在弯曲的溪流中倾覆，也能够浮在水面。在中国，有三种树曾经对中国文化产生较大的影响：第一种是茶树，形成了中国独具特色的茶文化；第二种是桑树，采桑养蚕是中国丝绸纺织工艺的前提；第三种就是漆树，经割漆制漆，由漆艺加工而成的漆器，影响了中国古代建筑、木制家具、日用品等的装饰设计。类似于松树的松脂或桃树的桃胶，漆树分泌出的黏稠树脂就是漆，其主要成分是漆酚、漆酶、树胶质等。古人发现这种树脂具有防腐的作用，于是将漆的这一特性加以利用，通过割树取漆，对木制的建筑结构构件、家具等进行防腐处理。每年的四到八月是割漆的时节，其中三伏天时割的漆质量最佳，因盛夏水分蒸发快、阳光充沛，产出的漆质量最好。割漆的时间一般在日出之前，漆农用蚌壳刀割开漆树皮，露出木质，将切口切成斜形，再将蚌壳或竹制薄片插在刀口的下方，这样漆液就会沿此流入绑缚在其下方的容器中，待将割出的漆收集装桶后用油纸密封保存。新割出的漆呈灰乳色，与空气接触后变成栗壳色，脱水后呈褐色。从树上割下来的漆即生漆，也称大漆或国漆，因为含有一定的水分，可以直接加入不同颜色的矿物颜料进行调和，使它变成不同的颜色，提升其装饰效果；生漆经日晒或加热脱水处理，就可以变成熟漆，其色棕褐，加入桐油搅拌氧化之后性质稳定，因为减少了水分，其在金属、木器上的黏附力更强，漆膜更加光亮、更坚固耐用。随着漆器工艺的成熟，人们在使用漆的时候发挥了漆的装饰功能，通过加入各种染色剂、镶嵌、雕刻等方式，形成了自成体系的工艺类型，发展出一门独立的艺术形式。

一 // 漆器的发展历程

（一）新石器时代、夏商西周——漆器的出现和初步发展

中国至今发现的最早漆器来自河姆渡遗址。1973 年，在距离浙江余姚市区 20 千米的河姆渡镇，当地农民正在一块农田中建造排涝用的水利工程，施工过程中发现了一些古代人生活的遗迹。这立刻引起了相关部门的重视。在当年的 11 月到次年的 1 月，为了配合当地农田水利工程建设，浙江省文物管理委员会和博物馆的考古专家，对这里进行了第一期的考古发掘，并取得了重大的考古发现，根据惯例以发现地命名了这一遗址。经研究确认，此处为新石器时代早期人类遗址，距今 7 000 年左右，遗址总面积达到了 4 万平方米。1977 年 10 月，考古专家结合第一次考古所得成果，对遗址的重点部分进行了第二次发掘，前后两次共发掘遗址面积 2 630 平方米，清理墓葬 27 座、灰坑 28 个，遗址出土了大量石器、骨器、木器、陶器等各类文物，其中有一件朱漆碗格外引人瞩目。

说到碗，我们每天都离不开它。一般使用的碗都是瓷质的，在加工时通过在转轮上拉坯成型，所以大多为圆形，而且瓷碗很薄、吸水率低、便于清洁。河姆渡的朱漆碗是木头的，其加工成型方式是将一截木头旋刻掏空形成容器，所以并

不是正圆形，而是椭圆形。与现在的瓷碗敞口的造型不同，这件朱漆碗的口沿部分向内收敛，而且碗壁较厚，外表有棱状突起，呈瓜棱状，碗下部有圈足，碗的外壁上涂有一层红色的漆，所以得名为朱漆碗。因年代久远，朱漆碗部分漆面已经剥落，但从漆面中还是能看到微微泛出的光泽，经化学鉴定，其漆饰为生漆。这件朱漆碗的口径长 10.6 厘米，宽 9.2 厘米，高 5.7 厘米，圈足也是椭圆形，长 7.6 厘米，宽 7.2 厘米。

‖ 河姆渡遗址朱漆碗
浙江省博物馆 ‖

　　河姆渡遗址朱漆碗的出土，表明中国从新石器时代就已经认识到了漆的防腐、装饰功能，并用它来制作生活器皿。从漆碗的加工工艺看，河姆渡文化的木器制作工艺已经十分高超，由整段木头镂挖而成，造型古朴美观。朱漆碗的发现，说明早在六七千年前的中国长江流域，已经将天然漆作为人们日常生活用具的表面装饰。

　　到了夏商西周时期，漆器有了进一步的发展，已发现的如二里头文化雕花漆器残片、山西翼城大河口西周墓地漆木罍等。但是，夏商周漆器主要为残片，没有完整器，这主要是因为早期漆器的制作必须依附于木制的胎体，漆本身虽然有很好的耐腐性能，能够长期保存，但经过长时间的地下埋藏，出土时往往木胎残损。

（二）春秋战国至汉代——漆器发展成熟

●春秋战国漆器

　　春秋战国时期，漆器工艺得到了快速的发展。较多保存完整的漆器被发现，展现了这一时期高超的漆器制作工艺，其中湖北曾侯乙墓漆器颇具代表性。曾侯乙墓，位于湖北省随州城西的擂鼓墩东团坡上，是一座战国时期早期的古墓葬，墓主人是周王族诸侯国中曾国国君曾侯乙。1978 年，随着曾侯乙墓的开启，这个在 2 000 多年后才被人们知晓的曾国开始名扬四海。由于该墓葬在使用后不久就被地下水淹没，2 000 多年来，三分之二的墓葬一直在水中，隔绝了空气，使得大量文物得到了很好的保存。墓中出土了大量随葬品，或约有 15 400 件，大量的青铜器好似刚放入地下一般，漆木器的色彩保存完好，鲜妍如新，竹简所存墨迹清晰，配套完整的编钟、编磬等乐器更是世所罕见。这些文物中的漆木竹器，展现了春秋战国时期的漆器工艺，从中也可窥见那一时期在工艺装饰和制作技术方面的卓越成就。

以曾侯乙墓为代表的春秋战国时期楚地漆器的制作工艺独步天下有以下两方面的原因：一方面，该地自然条件适合漆树生长，资源丰富；另一方面，通过墓葬出土文物可以看出，楚地贵族对于漆器十分钟爱，工匠为满足这一需求，推动了漆木器加工工艺的发展。出土的同一时期漆器中，北方漆器主要为红、黑、黄三色，而当时的楚地工匠却能调制出红、黄、蓝、绿、金、银等多种漆色，代表了这一时期漆器工艺的较高水平。

曾侯乙墓彩绘龙凤纹盖豆，现藏于湖北省博物馆，高 24.3 厘米，长 20.8 厘米，宽 18 厘米。豆一般是指用来盛装腌菜、肉酱等调味品的祭祀用礼器，是向神灵供奉食品的器皿。这件作品与青铜器豆的造型接近，是同等级的艺术品或陈设品。彩绘龙凤纹盖豆为木胎雕刻，由器盖、器身两部分组合。椭圆形的器盖，两侧留有新月形的缺口，便于与器身两侧上部的浮雕器耳相合。在顶盖弧形部分装饰有变形云纹，纹饰以黑色为底，用金色绘制图案，中心以浮雕形式刻画了两条相互盘绕的龙。器身为椭圆形，分为漆盘、双耳、豆柄、底座四部分，漆盘胎质较厚、内积较浅，两侧有雕刻繁复、四面镂空的方形大耳，装饰浮雕龙纹，豆柄上粗下略细，底座呈喇叭状。盘、盖内部都髹红色漆，盘外侧有多圈装饰，上部以菱角纹、云雷纹进行装饰，下部饰蟠螭纹再叠网格纹，这些网格纹绘制较为精细、工整。柄与盖面一样装饰有变形云纹图案，底座装饰有蟠螭纹。这件漆器展示了漆器制作的木胎加工、雕刻、髹漆、彩漆装饰等工艺，造型精美，漆饰色彩历经 2 000 多年仍鲜亮如新。

曾侯乙墓出土漆器中著名的还有彩漆木雕鸳鸯形盒、透雕漆禁、彩漆木雕梅花鹿等，而且在曾侯乙墓中有迄今为止出土的最大漆器——内外棺。外棺长 320 厘米，宽 210 厘米，高 219 厘米。在形制硕大、结构奇特的曾侯乙外棺一侧的下方，有一个门洞，这引发了人们的猜测，它或许是为了让主人的灵魂能够自由出入而专门设计的。该棺的纹饰和图案是其独特之处，棺外壁以黑漆为地，并运用透雕、浮雕、圆雕等技法雕刻出各种纹饰，表面再施以朱漆，使其显得更加艳丽。棺身上的纹饰共构成 20 组图案，每一组图案都以阴刻处理的圆涡纹为中心，外围配以朱漆彩绘的龙形卷曲勾连纹。这种纹饰色彩艳丽，对比强烈，线条自然流畅。此外，棺身上的纹饰还包括云纹、三角形纹等。其中，龙纹变化较为复杂，姿态灵动、细节繁复，颇具特色。内棺长 250 厘米，通宽 127 厘米，高 132 厘米。盖板和两侧壁板外呈弧形，内壁为长方盒状。内棺以红漆为地，并饰以黑、黄、金等色纹饰，这些纹饰十分复杂，以彩漆描绘出异常繁缛的图案。在内棺两侧，中间为对开的"田"字形窗格纹，围绕这一区域勾勒出许多龙蛇、鸟兽和神怪图案，更有手持双戈戟、头生双角的羽人武士，他们的双眼凝视前方，守卫着棺内安息的灵魂。这些独特的纹饰和图案，展现了那个时代在漆器工艺上的伟大成就，并为我们了解战国时期的丧葬礼仪和文化提供了宝贵的线索。

‖ 曾侯乙墓彩绘龙凤纹盖豆 湖北省博物馆 ‖

‖ 曾侯乙墓漆棺（外棺） 湖北省博物馆 ‖

● 汉代漆器

在夏商周三朝之后，青铜器日渐衰微，瓷器尚未成熟之际，漆器以其自身的轻便、易于清洁、隔热、无异味、耐酸碱等特点，开始在当时人们的日常生活中占据重要地位。特别是在汉代，日用漆器的发展为中国漆器文化谱写了宏伟的篇章。这一时期，漆器的应用范围从礼器逐渐扩展到实用器，数量也逐渐增加，在器物造型方面呈现出清晰的实用化发展趋势。

汉代，漆器的制作工艺不断进步，器物造型和图案也更加丰富多样。例如，这一时期的漆器种类繁多，包括耳杯、盘、盒、奁等。此外，汉代的漆器还出现了彩绘、镶嵌、雕刻等多种工艺，进一步提升了其艺术价值和审美体验。战国至汉代的漆器不仅在工艺和器物造型方面取得了巨大的进步，也深刻地影响了中国古代社会的生活方式和审美观念。

在秦汉时期，漆器的发展呈现出明显的类型化与专业化、套组化与模数化的趋势。随着漆器在日常生活中的广泛应用，其类型逐渐增多，不同的漆器类型用以满足人们不同的生活需求，这种专业化的发展趋势，使得漆器的分工更加精细，制作工艺日渐丰富，提高了器物的实用性和美观度。所谓套组化，是指将多个漆器组合在一起，形成一个完整的套组，如一套酒器或食器，这种组合方式既方便了人们的使用，也增加了器物的艺术价值。模数化是指在制作漆器时采用模制的方式，使得器物的尺寸和形状更加统一和规范。专业化、套组化、模数化不仅提高了生产效率，也使得器物的质量更加稳定。

汉代漆器出土数量众多，其中以马王堆汉墓为最。1972—1974 年，在湖南长沙东郊浏阳河畔发掘出三座汉代大墓，也就是著名的马王堆一号、二号、三号墓，墓主人是汉朝初年的长沙国丞相利苍和他的妻子、儿子。该汉墓共计出土 3 000余件遗物。其中，有 700 多件各种漆器，它们制作精致，纹饰华丽，光泽如新。

马王堆汉墓中出土的漆器都非常重要，是我们了解那个时代的一面镜子。马王堆一号墓的木漆棺椁共 4 层：最外层是庄重的黑漆素棺，其表面没有装饰；其内是黑地彩绘的第二层漆棺，在黑色底漆上用金黄色漆绘制繁复多变的云气纹作为装饰，纹路间穿插着绘制怪兽或者神仙造型，图案内容表现出丰富的想象力，装饰线条粗犷有力；第三层为朱地彩绘漆棺，底漆为红色，用绿、褐、黄等各种颜色描绘出一系列代表祥瑞的图案，与外面两层棺椁相比，彰显富丽堂皇之气；最里层为内棺，棺身涂饰黑漆，并以帛和绣锦包裹装饰。

在这一墓葬中，还出土了一套漆绘博具，非常完整，可以让我们一窥汉代人的娱乐活动。博具为套组设计，盒外涂有黑漆，内部则是朱漆。盖呈盝顶形，盖顶上用锥刻画了飞鸟和云气，并夹杂着朱漆绘制的几何图案。在边长 45 厘米、通高 17 厘米、盖高 4.5 厘米的漆盒内，包括 1 件方形髹黑漆木博具、12 根象牙箸状长筹码、30 根象牙箸状短筹码、12 枚象牙大棋子、18 枚象牙小棋子、1 件小木铲、1 个象牙削刀和 1 件环首角质刻刀。博具盒为正方形，盒底四角有平足。此外，还有一件发现于盒外的骰子，与博具为一套，它造型精巧，有别于现在的六面骰子造型，为十八面体，整体涂饰深褐色漆，除十六面分别以篆体阴刻数字一至十六，另相对的两面刻"骄""妻畏"，以朱漆填字并勾画每方边缘线。

‖ 漆绘博具
湖南博物院 ‖

除此之外，马王堆汉墓中还出土了大量成套的餐具，有漆碗、漆盘、羽觞杯等，这些餐具上都写着"君幸食""君幸酒"等字样，其中写着"君幸酒"字样的羽觞杯就有 200 多件，足见其用量之大，是这一时期常用的酒器。

中国漆器发展成熟并迅速形成发展的高峰正是在战国到汉代的六七百年时间内，今天能被称为国宝的漆器大多出自这一时期。战国时期的漆器地域特色明显，特别是在楚文化影响的地区，形成了灵动、精细、诡谲、神秘的风格，其制作工艺和装饰艺术独树一帜，代表了这一时期漆器发展的最高水平。汉代漆器出土作品众多，说明漆器在这一时期人们的日常生活中占据着十分重要的地位，漆器工艺也更进一步呈现出专业化、套组化的发展趋势，但汉代漆器的地域风格逐渐消失，各地出土的漆器装饰风格趋于统一，体现出全国大一统后的文化艺术融合趋势。

（二）唐朝——漆器装饰工艺发展的高峰

东汉之后，制瓷技术日渐成熟，漆器在人们生活中的地位被迅速替代，数量急剧减少，漆器的发展受此影响，开始求变、求新。到了唐朝，漆器工艺不断推陈出新，推动漆器从日用品向装饰艺术的方向发展。

●平脱

漆器发展到汉代，其胎体基本以木和竹为主，到了唐代，出现了以瓷器为胎的作品。唐朝最著名的瓷胎漆器，是陕西法门寺地宫出土的一对髹漆平脱秘色瓷碗。本来秘色瓷就传世较少，其自身就是国宝，而以秘色瓷作胎制作漆器，足见其名贵。这对秘色瓷碗，高 8.2 厘米，内深 7.1 厘米，外径 23.7 厘米，重约 596 克。瓷碗内侧为青黄色，其出现改变了以往认为秘色釉为单纯碧色的认知；外壁髹漆，外壁装饰独特，由 5 组图案组成，每组图案都含有雀鸟团花，中间由金箔制成的雀鸟纹饰，使整个瓷碗显得较为华丽。瓷碗的口沿和圈足则用银箍相扣，增强了其整体的美感。这对秘色瓷碗是稀有的唐朝艺术珍品，是秘色瓷、髹漆工艺与金银装饰完美结合的产物。

‖ 唐髹漆平脱秘色瓷碗
法门寺博物馆 ‖

金银平脱工艺，是一种将髹漆、金属镶嵌、图案装饰相结合的工艺技术，在我国的发展和应用历经了较长时期。金银平脱技术是由金银箔贴花技术发展而来。到了春秋战国时期，这种贴饰技术被发展为青铜器上的"金银错"装饰技法，即将金银丝纹样嵌入器物表面的刻纹中，再打磨平整，通过金属之间的色泽差异形成图案造型。到了汉代，这种技术被应用于漆器装饰之中。唐朝，金银平脱工艺达到了鼎盛时期。在这个时期，工匠在前人的基础上进行了改良，将金银平脱技术广泛应用于漆器的装饰制作，其工艺流程如下：先将金银熔化，制成箔片，并以类似剪纸的技法剪镂成各种花纹备用；然后在漆器胎体上进行髹漆，并将金银箔片贴于漆器表面，再涂上几层漆，使之完全覆盖箔片；待漆面干后进行研磨，使漆层下的金银箔片装饰显露出来；最后，进行局部修正，使之与漆底在一个平面上。金银平脱技术的运用，使得漆器显得更加贵重和雅致。在唐朝，贵族使用的漆器上大量运用金银作为装饰，充分显示出当时社会生活的豪奢。

●夹纻

夹纻是漆器制作的一种特殊方式，其最大的特点是成品无胎体。在制作过程中先用泥作胎体，在胎上糊纻麻，再于其上进行多次上漆，待漆膜成型后就会形成一个壳体，此时，将漆壳内部的泥胎去掉，称之为脱胎，脱胎之后的漆壳即夹纻。夹纻的重量非常轻，常被用来制作佛像。唐朝佛教盛行，遇有重要活动就会抬着佛像巡行，谓之行佛。此时，如果抬的是泥佛或石佛，将非常不便，所以行佛的佛像不能太重，此时的夹纻佛就应运而生，造型体量较大而重量较轻，便于移动。

●螺钿

螺钿是一种镶嵌工艺，主要用于漆器装饰。所谓螺钿，就是以贝、螺的壳为原料，选取色彩天然、光泽动人的贝壳最佳部位，通过分层剥离和打磨后，根据设计图案的需要加工，然后镶嵌于器物之上作为装饰。中国的镶嵌工艺发展很早，距今4 000年的夏朝的二里头遗址中就出土了嵌绿松石饕餮纹铜牌，商代妇好墓出土了嵌绿松石象牙杯，商周时期的错金银镶嵌技术日渐成熟，到了周代开始出现螺钿镶嵌，不过此时的镶嵌对象主要为青铜器。之所以用螺钿进行器物装饰首先在于贝壳自身具有美丽的珍珠光泽，经打磨后，光线照射下的螺钿更加绚丽夺目，另外，贝壳在古代曾经作为货币流通，使用贝壳作为装饰有显示富贵的意味，有价值感。

　　嵌螺钿紫檀五弦琵琶，是唐朝著名的嵌螺钿漆器，现存于日本东大寺。琵琶，长108.1厘米，腹宽最大值为30.7厘米，梨形音箱造型，采用直项设计，并配置五弦。嵌螺钿紫檀五弦琵琶，是当今唯一现存唐朝五弦琵琶实物，可以说是唐朝古乐器的活化石，为今天研究唐朝乐器提供了珍贵的资料。现在的琵琶一般都是四弦，且常见"曲项"，这件唐朝琵琶为五弦且"直项"，即琴轸、项以及琴面处于同一平面上，这种五弦琵琶的形式现已失传，但在敦煌壁画上经常可以看到飞天弹奏此种乐器。琴身面板材质为桐木，其他部分皆为紫檀。琵琶的背板和面板都采用了螺钿、玳瑁等镶嵌工艺来装饰各种图案纹样，包括点状的团花纹、菱形三角等几何纹饰，以及面状的宝相花纹、西域人物和骆驼图案等。在这件珍贵的五弦琵琶上，唐朝的螺钿镶嵌技巧展现得淋漓尽致，充分展现了大唐盛世的繁华与辉煌。匠人在琵琶琴体上巧妙地再现了栩栩如生的人物、动物和花卉形象，进一步体现了大唐盛世的奢侈与繁华。漆艺为乐器增添了独特的美感，而乐器也丰富了漆艺的文化内涵。漆饰工艺与乐器文化相互辉映，使得漆饰乐器独具东方神韵，成为世界音乐史上独树一帜的髹饰工艺乐器。这件琵琶不仅展示了唐朝的强盛，更让我们深刻感受到当时生活的奢华与精致。通过仔细观察这件琵琶，我们可以深刻体会到唐朝文化的独特魅力和精湛工艺，感受到那个时代的繁荣与辉煌。

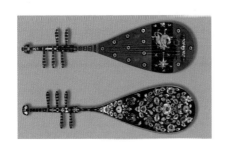

‖ 嵌螺钿紫檀五弦琵琶
日本东大寺 ‖

　　●犀皮漆

　　犀皮漆是漆艺装饰的一种，在髹漆过程中，先在骨胎上用稠漆堆出凹凸不平的样子，再于其上髹饰若干层不同颜色的漆，待漆面干结后，进行打磨，露出不同颜色的漆，形成类似于犀牛肚皮纹理的效果。这种犀皮漆纹饰效果类似于唐朝陶器工艺中的绞胎纹饰，有自然、古朴之美，在北方有虎皮漆、在南方有菠萝漆的别称。犀皮漆在唐代出现，到了明朝较为流行。

现存的唐代漆器中，以出土文物形式存在的并不多，反而在日本有很多重要的唐朝漆器，这主要是因为唐朝时期远赴大唐的日本遣唐使把当时大唐馈赠的贵重礼物带回日本，放在日本奈良的东大寺保存，其中很大一部分是漆器。东大寺是日本皇家的艺术品保护库，这批漆器自唐朝开始保存在此，且保存良好。

（四）宋朝——贵族化漆器

五代到两宋时期，漆器工艺的发展趋向精致化，此时的漆器具有明显的贵族化趋向。虽然宋代的瓷器发展已经成熟，但贵族化的漆器依然占据了一席之地，已出土的这一时期的漆器以碗、盘一类生活器居多。宋代日用生活漆器造型多样，有花口碗、花口碟、花瓣形盏托、菱花形盒等，与这一时期的瓷器造型相一致，体现了两种工艺形式的相互影响。既然贵族使用漆器，那么在瓷器烧制过程中模仿漆器也是提高瓷器身价的一种方式，在宋代瓷器中紫定、红耀州等紫褐色釉瓷器恰是受到了漆器色彩的影响而烧制的。

●戗金

戗金工艺在宋代漆器中较为常见，是在胎体上髹红色或黑色底漆，然后按照图案造型用针、锥或刀等工具在漆底上结合图案纹饰刻出线槽，然后以金粉或金箔进行填充装饰，再进行精细研磨。漆器工艺本就精细，而戗金工艺更是需要精工细作，这种工艺装饰效果世俗化倾向明显，主要为民间所用，符合宋代大众审美。著名的红漆戗金漆器作品如出土于江苏省武进区蒋塘村南宋墓的戗金漆器。其中一件朱漆戗金莲瓣式人物花卉纹奁，造型美观，表面纹饰采用朱漆戗金的工艺，内部髹黑漆。整个器物分盖、盘、中、底四层结构，每层都由银扣镶口固定。戗金工艺的出现和发展为雕漆工艺的发展奠定了基础。

‖ 朱漆戗金莲瓣式人物花卉纹奁
常州博物馆 ‖

●雕漆

雕漆是漆器装饰的一类技法，因为这种工艺所雕的主要是红色的漆器，又被称为剔红。生活经验告诉我们，漆完全干结后只有薄薄的一层，而且其质硬，遇磕碰易碎裂，这样的漆如何雕刻呢？在制作漆器的过程中，人们发现漆的干结速度较慢，而且在干结过程中会在表面形成一层较软的膜，在膜形成后，又可以再度刷漆，以这样的方式反复多次，就会增加漆膜的厚度，雕漆工艺正是很好地利用了漆在干结过程中的这一特性，在漆未完全干结、变硬之前，剔刻出精美的图案。要在漆上剔刻出立体的图案，底漆层需要有一定的厚度，而每一层漆都需要经过数天的阴干过程，制作雕漆往往需要堆积数十层乃至一百层以上，可想而知，这需要耗费大量时间和精力，也使得雕漆作品显得格外珍贵。著名收藏家马未都认为，"雕，是雕刻。雕刻在我们心目中是硬碰硬的概念"[①]，而"当漆器的漆膜形成一定的厚度，在半干状态下，工匠用刀在上面轻轻剔出纹样，是硬碰软，所以叫剔，不叫雕。"[②] 除了利用单一色彩的漆进行剔红、剔黑外，雕漆工艺可利用不同颜色的漆层，剔刻出类似犀皮漆的丰富视觉效果，称为剔犀。剔犀经巧妙设计，可创造出红花绿叶、黄地黑石等层次分明的图案。有些图案的边缘，更是巧妙地设计成不同颜色相互交错，如同大理石般的花纹，使得整体效果更加独特和有趣。这种形式的漆器可以追溯到唐朝，在宋代发展成型，著名的如福建福州市博物馆藏南宋剔犀三层八角盒。

（五）明清——漆器奢华繁复

随着漆器工艺的成熟和制漆工艺的进步，到明朝，已经可以将各种颜料溶于漆中，至此以彩色漆进行图案绘制的漆器工艺发展并成熟了起来，并在宫廷和民间同时流行，成为明清时期重要的漆器工艺类型。

清朝是中国封建社会发展的最后阶段，各类手工艺经过历代的发展已经非常成熟，漆器工艺也不例外，集历代工艺之大成，工艺门类繁多，并且呈现出奢华的特点。保存下来的工艺精湛的大件漆器如宝座、屏风等较多，各类髹漆装饰的家具、器皿更是数不胜数。清朝颇具代表性的漆器工艺是描金，主要有黑漆描金、朱漆描金和识文描金。黑漆描金或朱漆描金，就是在黑色或红色漆器上进行金漆描绘。识文描金是指在凸起的纹饰上进行描金装饰，因为金漆有金属光泽且明度高，加之纹饰有凸起，因此具有体积感，视觉效果强烈。

---

① 马未都. 马未都说收藏·杂项篇 [M]. 北京：中华书局，2009：35.

② 马未都. 马未都说收藏·杂项篇 [M]. 北京：中华书局，2009：36.

在雍正时期，因为统治者的喜爱，描金器精品迭出。因当时人们认为识文描金工艺是自日本传入中国，而彼时日本被称为东洋，故此时称识文描金为洋金。其实，描金工艺在中国出现的时间很早，在战国、汉代就有应用描金工艺的漆器，到唐朝时描金工艺传入日本，并在日本发扬光大，清朝时期，在日本发展成熟的识文描金工艺又反过来传入中国。

二 // 漆器的现代设计意义

漆器作为中国传统的工艺形式，从迄今为止出土最早的河姆渡朱漆碗发展到现在已经约有 7 000 年的历史。漆器的发展曾经面临青铜器、瓷器等工艺类型出现和快速普及的挑战，但是漆器并没有就此消亡，而是在夹缝中发展，并与青铜工艺、彩绘工艺、陶瓷工艺、雕刻工艺等相互借鉴、相互影响，其工艺不断丰富和完善，形成了具有丰富类型的庞大体系。中国传统漆器细腻的线条、华丽的色彩和精湛的制作技艺都展现了较高的艺术价值，具有深厚的文化内涵和历史价值，对漆器的深入研究可以为现代艺术设计领域注入新的活力。

传统漆器设计所展现的实用功能与装饰功能的完美统一，不仅体现了古人对实用性和审美性的双重追求，也为现代设计提供了宝贵的启示和借鉴。首先，传统漆器设计的实用性强调了设计必须以满足人们的基本需求为出发点。在现代设计中，无论是家居用品还是电子产品，都应首先考虑其功能性，确保产品能够满足人们的基本生活需求。这种以实用为导向的设计追求，是对设计人本主义精神的体现，是现代设计不可或缺的基本原则。其次，传统漆器设计的装饰性体现了设计的审美价值。在现代设计中，装饰性不仅仅是简单的外观美化，更是对文化内涵和艺术品位的体现。通过巧妙地运用传统装饰元素，现代设计可以在满足实用性的基础上，提升产品的艺术性和文化内涵，使人们在使用过程中能够感受到来自传统装饰艺术的美感。实用性和审美性往往被看作相互对立的两面，但传统漆器设计却告诉我们，二者完全可以相互融合、相互促进。一个优秀的设计作品，应该既具备实用功能，满足人们的基本需求，又具有审美价值，能够提升人们的生活品质。此外，传统漆器设计所蕴含的文化内涵和艺术精神，也为现代设计提供了丰富的灵感来源。通过借鉴传统漆器设计的元素和手法，现代设计可以在保持实用性的同时，向设计作品注入更多的文化内涵和艺术气息，使设计作品更具个性和魅力。今天，随着化学工业的发展，化学漆成为主要的漆来源，虽然我们已经很少使用植物漆了，但漆器诞生之初漆饰防腐和装饰的功能至今仍在被人们利用，建筑内外墙、家具、汽车等都离不开漆，而这些漆的源头都是中国漆。现实生活中，很多人对于中国传统漆器的工艺和历史知之甚少，这一方面是因为中国古代有丰富的工艺类型，如陶瓷、服饰、建筑等，其与日常生活联系紧密而广受关注，而对传统漆器的重视和宣传不足，对中国漆器工艺的知识普及不够；另一方面是因为漆器在发展过程中，逐渐走向奢华、贵族化，工艺繁复，各类精美的漆器与普通大众的生活产生了距离。在现代设计中，我们应该时常反思，思考如何既做到使设计保持旺盛生命力，展现设计创意与美感，又始终贴近大众，让更多人能够接触到优秀的设计。

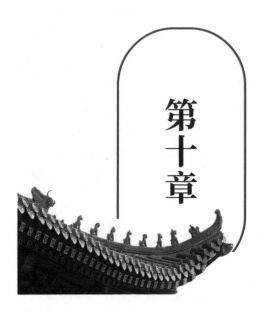

第十章

夸住宅

　　远瞧雾气昭昭，近观瓦窑四溂，就跟一块砖抠的一样。门口有四棵门槐，有上马石、下马石、拴马的桩子。对过儿是磨砖对缝八字影壁；路北广亮大门，上有电灯，下有懒凳，内有回事房、管事处、传达处。二门四扇绿屏风洒金星，四个斗方写的是"斋庄中正"；背面是"严肃整齐"。进二门方砖墁地，海墁的院子，夏景天高搭天棚三丈六，四个堵头写的是"吉星高照"。院里有对对花盆，石榴树，茶叶末色养鱼缸，九尺多高夹竹桃，迎春、探春、栀子、翠柏、梧桐树、各种鲜花，各样洋花，真有四时不谢之花，八节长春之卓。正房五间为上，前出廊，后出厦，东西厢房，东西配房，东西耳房。东跨院是厨房，西跨院是茅房，倒座儿书房五间为待客厅。

　　这是中国传统相声《夸住宅》中的贯口节选，讲的是中国传统住宅中的一类——四合院。以中国北方传统民居院落的组织形式和建筑特征为背景进行创作，结合相声艺术的独特贯口形式，既以第一人称的视角介绍四合院的空间构成，又按次序介绍了四合院中各建筑组成部分的特点。演员讲得真切，听众听得痛快。但是，相声中八字影壁、广亮大门、二门、正房、东西厢房、东西耳房、前出廊、后出厦、东西跨院、倒座儿等名词，如果不是生活其中或听众本身是专业人士，普通观众很难理解四合院的院落细节和空间特点，就听了一热闹。

单说一个广亮大门就涉及很多专业知识，如它是中国四合院院门中级别最高的一类大门样式，其特点是将门的结构连接到门房作为建筑支撑的中柱之上，以木材制作四扇门板，中间两扇门板可以开启，门前有较为宽敞的半间房的空间。可能一些朋友犯迷糊了，四合院有很多种不同的门吗？中国古代的建筑都是由柱子作为支撑的吗？既然有中柱，那么其他柱子是怎么命名的呢？看来，想要真正听懂相声，了解这段贯口里的内容，还得从中国古建筑的发展过程讲起。

‖ 广亮大门 ‖

一∥土木建筑——中国古建筑构架及结构概述

中国传统建筑的发展从距今六七千年的原始社会起步，经历了几千年的发展演变，区别于古埃及、古希腊、古罗马以石材、砖石修建建筑，中国古代建筑始终以木材作为主要材料，以土、砖、石、瓦等作为辅助材料，形成了独特而稳定的建筑形式。无论是南方河姆渡遗址的干栏式结构、北方半坡遗址的古村落遗址、商代的殷墟遗址、汉代的未央宫遗址还是明清时期修建的故宫，始终以木结构作为主体结构。中国古代木构架建筑主要依赖木柱和木梁的结合来构成房屋的框架。这种结构通过梁架对纵向重力的传递作用，使得立柱能够承载屋顶和房檐的重量。值得注意的是，墙壁在这种结构中并不承担房屋的重量，而仅仅起到了空间隔断的作用。这种独特的建筑方式是中国古代木构架建筑的典型特征。

（一）中国古代建筑中木构架建筑作为主体的原因

首先，木构架建筑材料的自身优势。相较于石材和砖，木材具有材料易得、便于运输、施工速度快、抗震能力强、易于修缮等优势。木构架建筑的建造过程中一般采用浅地基的基础结构，除屋顶的椽子与梁架的结构连接采用钉子外，其余部分主要采用榫卯连接，可以拆卸后再重新组装，便于迁徙和材料的二次利用。

其次，木构架建筑的技术优势。木构架建筑采用的是框架结构形式，其中墙体本身并不承重，这种设计使得建筑更加灵活和稳固。木构架建筑采用框架结构形式，墙体本身不承重，可以按照使用空间和保暖通风的需要，进行空间分隔，自由度高，能够广泛适应中国南北方不同地区气候条件的变化。木构架建筑采用榫卯进行节点连接，梁柱之间以复杂的小木块组成的斗拱结构进行连接，当受到外力冲击时能够承受较大幅度的晃动、变形，具有良好的抗震性，素有"墙倒屋不塌"之说。木构架建筑的构件加工速度快，特别是结合模数制度，能够有效提升设计速度和施工效率。相较于西方石质宫殿、教堂建筑动辄上百年的建筑工期，木构架建筑的建造速度要快得多，如明朝修建的北京故宫，总建筑面积达15.5万平方米，自永乐四年（公元1406年）开始建设，仅用15年时间就落成了。

再次，政治、经济方面的影响。中国历代王朝的更迭是以政治、经济和文化上的承继、改良和延续为表现的，政治的需要，使得木构架建筑得以传承和稳定发展。中国历史上，有一些时段王朝更迭频繁，当一个新的王朝建立时，木构架建筑的施工速度优势就体现出来了。

最后，选用木构架建筑的另一重要因素是中国农耕民族的生活方式，强调对土和木的偏爱。先民生活的地方主要集中在水源充沛、土地肥沃的平原地区，石材获取不易，使得木构架建筑长期在中国古代建筑形式中占据主导地位。

‖ 故宫太和殿 ‖

（二）木构架建筑结构形式

中国木构架建筑主要有三种结构形式，分别是穿斗式、抬梁式和井干式。穿斗式将梁架结构穿在柱子之间，而将檩条与柱头进行搭接，其结构形式是落地柱较多，空间相对狭窄，适合小空间建筑。抬梁式将梁架构在柱子之上，檩条固定在梁头，其结构特点是柱上抬梁、梁上安柱，梁柱之间叠合而成，采用抬梁式建筑的室内空间落地柱相对较少，使用空间较为宽敞，适用于建造大空间的建筑。井干式是在原木的两头做拼合结构，以木为墙，适合在林木资源丰富的地区使用，结构简单、易于施工，且具有较好的室内保温效果。

中国古代建筑在柱式框架承重结构基础上，以夯土砖、烧结砖建构墙体分割空间，在木制梁架檩条的基础上以茅草、瓦片建造屋顶来遮风挡雨。土和木是中式建筑的主体材料，并形成了自成体系的建筑技术和艺术特色，现在中国大学里的建筑工程专业仍被称作土木工程专业。

（三）柱式及枋

中国传统建筑中的柱子，分为木柱及石柱两类，以木柱为主。柱子作为木架构建筑的垂直承重构件，既有承受屋顶重量、构建空间的作用，通过雕刻和绘制图案又具有一定的装饰作用，具有使用功能、审美价值和文化意义。中式建筑中的柱子，可以简单分为内柱和外柱，在结构上分为柱础、柱头和柱身。为了便于理解木建筑的柱式特点，要对其进行详细的划分。根据柱子的形状，可以将柱子分为圆柱、方柱、瓜棱（楞）柱、梭柱、八角柱、异形柱等，其中常见的是圆柱。中国传统木结构建筑房屋，受到材料特点和空间功能需要的影响，每一单体建筑都要设置若干柱子以承托上部梁架和承受屋顶的重量。

按照柱子位于建筑中的位置和作用进行分类，可以将柱子分为以下几种。

檐柱：为外柱，是建筑外檐的一圈柱子，在前后屋檐处都有，起到支撑顶檐结构的作用。因檐柱处于建筑的最外围，故而宫殿建筑或宗教建筑多在檐柱上做装饰。

金柱：位于檐柱内侧，除檐柱、中柱、山柱外的所有柱子都可以称为金柱。在小型建筑中只有一列金柱或没有金柱，而在大型建筑中，却有多列金柱，无论前后，靠近屋檐的叫外金柱，靠近中柱的叫里金柱。

中柱：是指位于建筑的中轴线上，顶着屋脊的柱子，一般不包括山墙之内的柱子。

山柱：是指在建筑山墙内部顶着屋脊的柱子。

角柱：位于建筑角部的柱子。

童柱：在梁架之上的短柱，也称侏儒柱或瓜柱。

塔心柱：位于塔的内部，贯穿上下。塔心柱结构是我国早期古塔一种稳定的结构形式，横梁由塔心柱放射而出，支撑起每层塔身及平座层。[1]

---

① 李震，刘志勇，曹梓煜. 中外建筑简史 [M]. 重庆：重庆大学出版社，2015：114.

雷公柱：是为避雷而专门设计的柱子。一种是位于攒尖顶顶斗中央，位于宝顶或塔刹的下面，悬空的柱子；另一种是位于庑殿顶屋脊两端的太平梁之上，承托背桁挑出部分的柱子。

在柱与地面接触的部位一般都设置柱础，柱础常以石材制作，也称磉盘。设置柱础主要有两方面的原因：一方面，在传统的木构架房屋建筑中，采用浅地基基础处理方式，而柱子的横截面相对较小，其地基部分的单位承重就非常大，设置柱础是为了扩大柱子与地面的接触面积，起到分散承重的作用；另一方面，由于木材的特殊性，在受潮后其结构应力会明显下降，柱础将柱子与地面隔离开，可以起到防潮的作用，同时，柱础也可以避免蛀虫从木材相对松软的横截面钻入。柱础的造型有鼓镜、覆盆、四方、六角等形式，在佛教的影响下，还出现了莲花造型的柱础。

位于柱子的上部，在柱与柱之间起到相连作用的为枋。枋的横截面多为矩形，通过枋的连接，提升了柱子结构的稳定性。枋主要有额枋、平板枋和雀替。

额枋位于柱子的上端，与建筑屋面的方向平行，起连接与辅助承重作用。内柱间的额枋称为内额。在南北朝之前，额枋设置于柱子的顶端，隋唐以后移到了柱间上部，以榫卯形式与柱相连接。宋代以后，常见两根额枋重叠出现，位于上方的称为大额枋，位于下面的称为小额枋，位于檐柱间的额枋多有装饰，体现着古人的审美情趣。

平板枋在檐角部分，设置于额枋之上，起到承托斗拱构件的作用，形成于唐朝，宋辽建筑中已经常见。早期平板枋不出头，明清时期出头，并于端头做海棠纹或霸王拳形式。

雀替设置于梁枋之下，在枋与柱的相交处，起到缩短梁枋净跨距离、提升结构稳定性的作用。雀替装饰样式繁多，造型美观，在一些较窄的开间处，雀替常做贯通整个开间的设计，称"骑马雀替"。

（四）墙体

中国传统建筑中的墙体常见的有土墙、砖墙、木墙和编条夹泥墙四种，部分山区使用石头砌墙。

土墙，分版筑墙和土坯墙两类。版筑墙，又称夯土墙，以厚木板为模板，立于拟建墙的两侧面，在两块木板之中填土，夯筑而成。墙体材料多采用黏土和灰土，或用土、石灰、砂或碎砖石混合成的三合土，加入植物条，增加黏结力，北方多加麦秸，南方多加稻壳。两块板之间的厚度就是墙体的厚度。土坯墙，则是以黏土加石灰、植物条用模具捣实做墼（土砖），砌筑后再以黄泥浆或石灰浆加植物纤维筋料敷面层。用土坯做墙是中国北方主要的建筑方式之一，土墙厚度大，保温、隔热、隔音效果好，便于就地取材，施工简便，但是土墙的防水、防潮能力较差，故而在墙体的底部常用石头或砖做基础。

砖是中国古代建筑中的另一常见建筑材料。战国时期已经出现烧结砖，且有尺度巨大的空心砖，但直到秦汉时期，砖都不是用来砌墙的，而是常见于墓葬和铺地。到了唐朝，城墙、塔、宫室用砖已经较为普遍。明朝开始，条砖的生产质量和数量大幅提升，在民间建筑中也开始大量使用砖砌墙。砌筑砖墙时，宋代以前多用黄泥浆黏结，宋代以后多用石灰浆，重要的建筑砌筑时还会加入糯米浆。中国古代烧制的砖为青灰色陶砖，砖墙的承重性能、防潮、保温效果较好。

井干式木制房屋构架就是木墙的一种，主要见于木材资源丰富的地区。常见的木墙为木板式墙，在中国的南方木板墙较为常见，具有良好的通风、防潮效果，但保温、隔音效果差。

编条夹泥墙，以竹、木条与穿枋相结合编制而成，两面敷泥，或以三合土加稻壳，最外层粉刷。在中国的四川、重庆、湖南、福建等地较常见。相较于木墙，其造价低廉、施工简便。

（五）屋顶

屋顶是中国古建筑造型的重要组成部分，起到遮风避雨、挡阳防晒的作用。中国古建筑的屋顶样式常代表户主人的身份和地位，具有明确的象征意义，按样式差异用在不同等级的建筑之上。与欧洲建筑的屋顶常采用凸曲面的形式不同，中国古代建筑的屋顶采用了凹曲面的造型，屋脊中间到两边逐渐升高，从屋脊到檐部的尾部在下垂后再次翘起，形成向上弯的双曲面，成为"反宇向阳"的独特形式。这种凹曲屋面的屋顶样式有利于排水和吸收阳光，同时在造型上，又有类似于隶书横笔画"蚕头雁尾"造型的起翘效果，视觉上呈现出"如鸟斯革"的飘逸之感，使得原本厚重的建筑，看上去轻灵、富有动感。中国传统屋顶样式类型丰富，常见的有庑殿顶、歇山顶、硬山顶、悬山顶、卷棚顶、攒尖顶等。

庑殿顶，亦被称为五脊殿或四阿顶，是一种独特的屋顶形式，具体表现为"四出水"的五脊四坡式。其结构由一条正脊和四条垂脊共同组成，这种布局赋予了庑殿顶独特的美感和稳定性。在明清时期，这种屋顶样式是中国古建筑中最高的等级，常用于宫殿正殿、坛庙等重要的大型建筑物之上。有单层和重檐两种，重檐庑殿顶是在上层屋檐下再做环绕建筑四面的四条博脊，在下檐的角部，再做四条角脊。

歇山顶，又称九脊殿、厦两头造，有一条正脊、四条垂脊、四条戗脊，是庑殿顶和悬山顶的结合体。歇山顶的级别仅次于庑殿顶，也分为单檐和重檐两种，常用于官殿的辅殿、配殿以及宗教、衙署建筑中。

硬山顶和悬山顶，此两种顶的结构都是前后两面坡。硬山顶的特点是屋面仅有前坡和后坡，而山墙与屋顶侧面平齐。悬山顶又称挑山墙，是硬山顶的变种，通常为建筑两侧屋顶伸出悬空，使得建筑物的屋面呈现出外伸的态势。悬山顶常用于南方民居之上，遮阳、挡雨的效果较好，北方民居更多使用硬山顶。硬山顶和悬山顶通常被用于普通住宅、园林等小型建筑。另外，在如安徽、江苏、江西等地的民居建筑中，多见将山墙做得高于屋顶，将墙顶做成马头墙的形式，在体现装饰性的同时，提高了建筑的防火性，成为风火山墙屋顶。

卷棚顶，又称元宝脊，当悬山、硬山用于园林化的建筑中时，一般不用正脊和垂脊，只有一个弧形的曲面。卷棚顶通常用于园林小型建筑和小型宅第。

攒尖顶，多用于圆形、六角形、八角形等平面形态的小型建筑，如亭子、钟楼等。攒尖顶的顶部可以是一个尖顶，也可以是平顶。

二 // 《夸住宅》里的中国北方民居——四合院

（一）胡同

> 远瞧雾气昭昭，近观瓦窑四溂，就跟一块砖抠的一样。门口有四棵门槐，有上马石、下马石，拴马的桩子。

这一段贯口，以四合院所处的老北京胡同为对象进行创作。"胡同"这一称谓始于元代，源自于蒙古语"浩特"音译，意为有人居住的村屯。元代建都北京，采用中国传统的都城建筑方式进行规划，纵横交错的"九经九纬"起到交通组织作用，将一个个的住宅院落串联起来的道路，即胡同。

在历史上，北京的官舍与民居经历了几次大规模的兴建时期。第一次是在元大都建成后，当时蒙古人的皇亲国戚、军民家属与辽中都搬迁过来的各等官民在城内纷纷建房，而那时还没有北京这个地名。第二次是在明成祖朱棣定北平为北京（北京的称谓由此开始）后，在北京大规模营建皇城、坛庙，各地的臣民也纷纷在城内建房。第三次是在清顺治年间实行"旗民分住"政策时，内城居民被迁至外城，内城则由旗人居住，八旗官兵大规模建府设园。这几次的营建、改建和扩建，形成了现在北京二环路以内的胡同排列格局和形式。随着城市规模的不断扩大，胡同的数量越来越多，胡同中的各院落形成邻里，邻里之间长期共同生活，形成了独特的胡同文化。

走进北京的胡同，你会发现不论宽窄、长短如何，胡同两侧都排列着一个个的门楼，其间还散布着会馆、寺院、府衙等建筑。这些门楼虽然现在看来简单，但在过去却是身份的象征。清晨的门楼掩映在雾气之中，视觉上即贯口中"近瞧瓦窑四溜"的样子，它们的大小和复杂程度直接反映了其主人的身份。"溜"在这里是雨经过起翘的屋檐，斜落下来的场景，在此处借指高大的建筑。顺着门楼，走进胡同里面则可见各种布局严整、形制不同的院落。在北京，这些院落无论大小，都被统称为"四合院"。

●上下马石

上马石和下马石其实是同一种东西，其全称为上下马石。在过去，有地位人家的宅门前，几乎都会设置上马石，用于上马和下马。上下马石多为汉白玉或大青石，分为两级。第一级高约一尺三寸，第二级高约二尺一寸，宽一尺八寸，长三尺左右。这两块石头的作用很大，一方面在于其实用价值，帮助骑马出行的人上下马；另一方面可以显示主人的等级，住宅门前有没有上下马石是宅第等级的体现。清朝满蒙等民族有骑马狩猎的传统。清朝朝廷规定，满族官员出门时无论文武都必须骑马，以保持先祖的生活方式，因此上下马石的使用频率高、实用性强。此外，清朝的官员还有"前引"和"后从"的规定，即主人外出时，奴才和仆人也要骑马跟随，无论是乘车还是乘轿，仆人都要骑马左右跟随。因此，老北京府第、大四合院、大会馆门前都会左右设置上下马石。

‖ 上下马石 ‖

●拴马桩

拴马桩是用来拴马的桩子，常有两种形式。一种是独立式的石柱或石碑，另一种是"石洞式"拴马桩，它固定在宅院倒座房的后檐柱上。拴马桩是传统的建筑构件，通常立于大门两侧，其高度一般为 2 ~ 3 米，宽度和厚度相当，为 22 ~ 30 厘米。经济条件较好的大户人家会在拴马桩上雕刻精美的图案，寄托吉祥寓意，以求镇宅辟邪。这种雕刻细致的拴马桩甚至被称为民间的华表。与上下马石一样，拴马桩也是住宅的一种"标配"，象征着主人的身份地位，即使经济条件不好的人家，门口也会放置简单的拴马石。在清末民初的大四合院中，临街的倒座房的外墙上常有半尺见方的小石洞，距地面约四尺，里面有铁环，用于拴马。这种"石洞式"拴马桩，实际上是两房屋之间的柱子。在砌墙的过程中，先留出空柱的位置，随后再砌上用石雕做成的石圈，其内便是房柱，柱子上装有铁环，铁环的直径约为两寸，粗细与拇指相当。

（二）四合院

> 对过儿是磨砖对缝八字影壁；路北广亮大门，上有电灯，下有懒凳，内有回事房、管事处、传达处。二门四扇绿屏风洒金星，四个斗方写的是"斋庄中正"；背面是"严肃整齐"。

四合院，亦称为四合房，是中国传统的合院式建筑，其名称源自其独特的格局：院子四面均建有房屋，形成一个封闭的空间，通常由正房、东西厢房和倒座房构成，它们环绕着中间的庭院。四合院的封闭形态是在三合院的基础上，于前方增建门房而形成的。根据四合院的形状，可以将其划分为三种类型：一进院落呈"口"字形，二进院落呈"日"字形，三进院落呈"目"字形。在大宅院中，第一进一般为门屋，第二进为厅堂，而第三进或后进则作为私室或闺房，这些地方通常是妇女或家族成员的活动场所，并不对外人开放。四合院的历史可以追溯到 3 000 多年前，它在中国各地有多种表现形式，但北京四合院无疑是最为典型的。这种建筑形式通常被大型家庭采用，它提供了一个相对隐蔽的庭院空间，与外界相隔。四合院的建筑和布局展示了中国古代建筑艺术的独特魅力和深厚文化内涵。

●八字影壁

影壁也称照壁，是中国传统建筑中用于遮挡视线的墙壁。影壁的位置灵活多变，影壁既可以位于大门内，这时它被称为内影壁，也可以位于大门外，这时则被称为外影壁。外影壁通常正对宅门，位于胡同对面，具有独特的造型和审美价值。根据形状的不同，影壁主要分为两种类型。一种是平面呈"一"字形的影壁，这种影壁被称为一字影壁。例如，北京故宫的九龙壁就是一字影壁的杰出代表。另一种则是平面两端向内收的影壁，它被称为"雁翅影壁"。雁翅影壁的两侧像翅膀一样展开，整体平面呈梯形对称，从正上方看下去，形状像一个"八"字。这些影壁有的独立于对面宅院墙壁之外，有的则倚砌于对面宅院墙壁。它们的主要功能是遮挡对面房屋和不甚整齐的房角檐头，为人提供整齐美观的景观，带来愉悦的视觉享受。

此外，值得一提的是，《夸住宅》中所描述的"对过儿是磨砖对缝八字影壁"应指的是倚砌于对面宅院墙壁的雁翅影壁。这种影壁采用"磨砖对缝"的高级建筑工艺，即将毛砖砍磨成"边直角正"的长方形，然后采用干摆、灌浆的方式砌筑成墙，使墙面光滑平整，严丝合缝，既不挂灰也不涂红。这种工艺不仅体现了古代建筑技术的精湛，也赋予了影壁以坚固和美观的双重特性。

●广亮大门

广亮大门也被称为广梁大门，是中国古建筑中的一种重要类型，其为屋宇式门，建筑一般高于旁边的倒座房和门房，有独立的台基、屋身和屋面，台基也较倒座房为高，其木构架采用五檩中柱式，屋架有六根柱子。广亮大门的结构涵盖抱框、门框、门槛、门枕石、走马板和余塞板等。关于"广亮大门"这一名称的由来，存在两种不同的说法。一种认为是因为大门的地面高出门外的街道，给人以居高临下的感觉，入院也有步步登高之势；另一种则认为"广梁大门"是因与"广亮大门"发音相似而以讹传讹的误称。广亮大门基本上都是硬山顶样式，屋面多为合瓦屋面。广亮大门的门簪上常常挂着匾额，檐檩枋板下则有雀替作为装饰。关于雀替，前面已经讲过，是额枋下面的结构件，被放置在建筑的横材与竖材相交的位置，其主要作用为缩短梁枋之间的净跨度，达到增加梁枋荷载力的效果。除了雀替和椽头，其他部分不允许进行彩绘装饰。椽头则是椽子的末端截面，分为方椽头和圆椽头两类。在门扉的下槛两侧安装石质门枕石（或称抱鼓石），门枕石中部上侧开凿有海窝，用以承托门扇的门轴。门枕石露于门外的部分，凿成圆鼓形，称为门墩，上面常常雕刻蹲坐的狮子或狮子头的造型，外侧雕刻寓意吉祥如意的图案。门前的半间房空间可供警卫分站两旁把守，显示出宅门的等级高贵。

除广亮大门外，院落的大门类型还包括王府大门、墙垣式门、金柱大门、如意门、蛮子门等。

王府大门，为典型的屋宇式的大门，体现贵族气派；墙垣式门开口直接开在墙面上。

金柱大门，其规制略低于广亮大门，为具有一定品级、地位的官宦人家所采用的宅门形式。在规模上，金柱大门显然比广亮大门要小。金柱大门在外面只看到柱子看不到房梁，门扉设在屋面前檐的金柱之间，由此得名。其设门位置比广亮大门向外侧推出一步架（约1.2米），在视觉上门前空间没有广亮大门那样宽绰。现在北京城内所保留的大型院落中，"金柱大门"占比较多。

如意门是一种常见的宅门形式，其基本构造是在前檐柱间砌墙，并在墙上居中留出适中的门洞。相较于广亮大门和金柱大门，如意门的级别较低，多为普通百姓所用。门洞内安装有门框、门槛、门扇以及抱鼓石等构件。如意门的构架同样采用五檩硬山形式，平面有四或六根柱。两根前檐柱被砌在墙内，不露出表面，柱头以上施五架梁或双步梁。虽然其形制不高，但不受等级制度的限制，主人可以根据自己的兴趣爱好和财力情况进行装饰，既可以做得华丽精美，也可以简单朴素。如意门的独特之处在于门洞左右上角挑出的砖构件，这些构件经过砍磨和雕琢，呈现如意的形象。门楣上方的两个门簪，迎面多刻有"如意"二字，寓意"万事如意"，这也正是如意门名称的由来。

蛮子门是一种形制等级低于广亮大门和金柱大门的宅门形式。从外形上看，蛮子门与金柱大门相比最大的特点是它更往外推出一些，几乎就位于前檐柱的位置上。蛮子门的檐檩下有木抱框，大门则安放在抱框上。门框上同样有四个门簪，可以露出檩和柱，但没有雀替，相较于金柱大门缺少了层次感。之所以称"蛮子门"，是因为当时北方人称南方人为南蛮，从而将他们所使用的这种门形式称为"蛮子门"。也有说法认为，为了安全起见，到北京经商的南方人特意将门扉安装在最外沿，这样做是为了避免给贼人提供隐身作案的机会，因此这种门得名为蛮子门。蛮子门作为一种宅门形式，在普通民居中较为常见。由于其形制等级较低，通常不会被用于官宦人家的建筑。

●懒凳

在旧时的大户人家中，大门内常常放置一种名为"懒凳"的简易凳子。这种凳子没有靠背和扶手，制作相对粗糙，用材也较为低档。它的主要功能是供下人休息，让他们能够坐在上面"偷懒"片刻。门卫、仆佣等下人在工作累了之后休息，这种情况是被户主允许的，展现了主家善待仆人的传统。此外，当有访客的跟班、轿夫等随行人员在门口等待主人回归时，他们也会在懒凳上坐下休息，这不仅是一种接待方式，也体现了主家对下人的关心和照顾。只要家境不败落、房产不对外招租，懒凳就会一直摆放在大门前。如果发生变故，大宅门变成了大杂院，懒凳可能会被撤掉，或者演变成邻居们谈天说地的场所。

● 回事房、管事处、传达处

旧时大宅门内还有设在大门内侧的小房，称之为"门房"。这些门房类似于现在的传达室，为来访者提供了一个等候和休息的场所。现在很多作为旅游景点的大宅院的售票处就是由过去的门房改建而来的。"回事房、管事处、传达处"等名称与"门房"没有太大的区别。

● 二门

"二门四扇绿屏风洒金星"中的"二门"指的是院落大门内的一道门，它常常作为内宅与外宅（前院）之间的分界线。在规模较大的院落中，内外宅之间通常会建造垂花门作为这道二门。垂花门是中国古代建筑中的一种独特门型，其特点是檐柱不落地，而是垂吊在屋檐下，这种柱子被称为垂柱。垂柱的下方通常装饰有一颗垂珠，这颗垂珠常常被雕饰成花瓣的形状，因此得名垂花门。垂花门的式样繁多，而《夸住宅》中提及的应该是"一殿一卷式"的垂花门。从外部观察，它宛如一座华丽的砖木结构门楼；而从院内看去，垂花门则像是一座亭榭建筑的方形小屋。在过去，外人通常只能被引导至南房会客室，而内院则是家族成员生活起居的私密空间，一般不允许外人随意出入。这种布局体现了中国古代建筑中内外有别的传统观念，就是古代常说的"大门不出，二门不迈"的含义。垂花门除了作为装饰元素，还具备两个关键的功能。首先，它起到防卫的作用。为实现这一功能，垂花门向外一侧的两根柱间安装了第一道门，这道门相对厚重。在日常的白天，这道门会保持开启状态，方便宅内的人员通行。然而，到了夜间，为了保障安全，这道门会关闭，从而有效地起到防卫的作用。其次，垂花门还起到屏障的作用，其作为内宅和前院的明确分界线，确保内宅的隐蔽性。为此，除第一道门外，垂花门的内侧还额外安装了一道门，称之为"屏门"。这种"一殿一卷式垂花门"是垂花门中较为常见的形式。屏门正是"二门四扇绿屏风"中所提到的"四扇绿屏风"。通常情况下，除了家族中有重大仪式（如婚、丧、嫁、娶）时屏门会打开，其余时间屏门都是保持关闭状态的。当人们进出二门时，并不会通过屏门，而是选择走屏门两侧的侧门或通过垂花门两侧的抄手游廊到达内院和各个房间。这样的设计既确保了内宅的私密性，又为人们提供了便捷的通行方式。

（三）庭院

进二门方砖墁地，海墁的院子，夏景天高搭天棚三丈六，四个堵头写的
是"吉星高照"。院里有对对花盆，石榴树，茶叶末色养鱼缸，九尺多高夹竹桃，
迎春、探春、栀子、翠柏、梧桐树，各种鲜花，各样洋花，真有四时不谢之花，
八节长春之草。

四合院住宅的庭院是由建筑、回廊和墙围合而成的露天空地，便于露天活动
和休闲。庭院中常配置有各式花草树木、荷花缸、鲤鱼池、盆景等，选择的植物
常有吉祥寓意，如石榴树寓意多子多福、梅花寓意高洁淡雅、牡丹寓意富贵吉祥等。
庭院中甬路连接各个建筑，为主要道路，通常采用方砖铺设，正所谓"方砖墁地"。
这些铺设的砖趟多数为奇数，如一、三、五、七、九等，而趟数的多少往往取决
于建筑的等级。

那么，"海墁的院子"是什么意思呢？其实，"海墁"是指除甬路外的其他
地面部分，这些地面都采用砖铺墁的形式。与甬路相比，海墁地面的铺设较为粗
糙随意，通常使用条砖，并且不追求像甬路那样精细的工艺。北京地势平坦，排
水多采用渗井或渗沟的方式，铺设海墁地面的主要目的是便于雨水能及时排出院
落。

（四）建筑

正房五间为上，前出廊，后出厦，东西厢房，东西配房，东西耳房。东
跨院是厨房，西跨院是茅房，倒座儿书房五间为待客厅。

● 正房

正房，也常被称为"上房""堂屋"，是指在传统住宅的院落建筑组合中坐
北朝南、处于庭院正中的房子，其概念与厢房相对。正房的开间和进深都相对较
大，空间宽敞，地基也较厢房为高，因前有庭院，正房的采光、通风都是整个院
落中最好的，为长辈、户主人所居住，体现长幼有序。《红楼梦》第三回中对正
房有生动的描述——"正面五间上房，皆是雕梁画栋"，这展示了正房的显赫位
置和精美装饰，同时书中还提到"两边穿山游廊厢房，挂着各色鹦鹉画眉等雀鸟"，
这进一步描绘了正房与厢房的布局和氛围。

"前廊后厦"，其中的"厦"通常指的是"抱厦"。抱厦是一种建筑结构，指的是在原建筑之前或之后接建出来的小房子。这种结构常见于古代建筑中，用于扩展建筑的使用空间或作为辅助用房。《红楼梦》第七回中就描述了这样的场景——"却将迎春、探春、惜春三人移到王夫人这边房后三间抱厦内居住"，此节提到建筑背后的"抱厦"被用于居住。因此，在"前廊后厦"的表述中，"后厦"具体指的是位于正房北侧的"抱厦"。这种布局体现了古代建筑对空间利用和功能性设计的巧妙思考。

正房的背后就是后罩房，房屋构造相对矮小，与正房的距离较近，采光通风较差，一般为女佣住房、库房或杂物间。

● 游廊

廊在中国古代建筑中指的是有顶的通道，它的基本功能包括遮阳、防雨以及供人短暂休息。值得一提的是，"厦"这个词在某些语境下也指代"廊"，表明了两者在建筑功能上的相似性。

抄手游廊，作为一种附属建筑，主要连接垂花门、厢房和正房，其名称源自其独特的线路形状。具体而言，进入院落后，抄手游廊首先向两侧延伸，随后前行至下一个门前，最终再从两侧返回中央，这种布局形成了一个环状，恰似人抄手时胳膊和手所形成的形状。这种设计不仅美观，还颇具实用性。特别是在雨雪天气，抄手游廊为行走在院落的人提供了一个遮风挡雨的场所，确保了通行的便利。在院落的整体布局中，抄手游廊通常沿着院落的外缘进行设置，其开放式的设计不仅允许人们自由行走，还为人们提供了一个休憩小坐的好地方。在这里，人们可以欣赏到院内的各种景致。因此，抄手游廊不仅丰富了院落的空间层次，还为其增添了独特的美感，体现了中国古代建筑艺术的精湛与巧思。

● 跨院、倒座房

跨院是位于正院两侧的院子，与正院相连但相对独立。

北京四合院布局坐北朝南，倒座房是指与正房相对的房屋，它的方位坐南朝北，因此得名"倒座"。这种房屋的檐墙直接面向胡同，与正房的方向正好相反。倒座房在四合院内通常有多种用途，如作为外客厅、门房、账房、私塾、客房以及仆人的居住空间等。此外，四合院的大门往往就开在倒座房的一侧，它是进入四合院的主要通道之一。

三∥四合院的中式审美理念

　　四合院作为中国传统院落建筑的典型代表，是中国古老家庭观念和传统文化的体现，其雅致和巧妙的结构，展现了这一传统住宅形式的魅力。在院落布局结构上宽绰疏朗、四面有房、游廊相连，空间开阔、起居方便，且有很强的私密性，院内一家人和和美美、其乐融融。以四合院为代表的中式院落，以家庭单位为中心，以街坊邻里为纽带，构建了一种和谐的居住环境。这种设计不仅符合人性心理，还保持了传统文化特色，使得邻里关系更加融洽。

　　以四合院为代表的中式传统民居，作为历史文化的载体，不仅是一种居住形式，更是一种文化的传承和展现。它蕴含丰富的文化内涵和人性化的设计理念，即使在今天仍然具有很高的研究价值和观赏价值，是我们研究传统文化、体会传统经典的重要方式。当今快节奏的生活方式和城市化集中式的居住，给中国传统的家庭结构、邻里关系、社会结构带来了较大的冲击，研究中国古民居形式和文化内涵，对于重构人与人之间的关系，构建和谐社会有着非常重要的意义。

第十一章

飞天东方美

近年来，随着国内娱乐产业的快速发展，各地方卫视推出了大量类型各异的综艺节目，以多样的形式和娱乐化的内容吸引了大量观众。这些节目涵盖生活、情感、竞技、职场、社交等诸多领域，关注度很高，提高了地方卫视的收视率，反映了当前社会多元化的文化娱乐需求。然而，随着真人秀节目的不断增加，一些节目为了追求娱乐效果，刻意设计剧本，博眼球，忽视了对社会价值和道德底线的维护，存在一定的负面影响。河南卫视另辟蹊径，在舞蹈节目中以传统文化为基础，借助传统艺术的视觉符号进行舞美设计和舞蹈创新，表现出深厚的文化内涵，走出了一条别样的节目创作之路，获得了大量观众的喜爱，引发了社交媒体上的热门话题。

在 2021 年的河南卫视七夕晚会上，开场节目《龙门金刚》惊艳亮相，在其舞美设计中，通过高科技手段，以龙门石窟卢舍那大佛为背景，营造出如梦似幻的视觉效果。舞蹈演员随着音乐凌空飞舞，化作"飞天"缓缓飘落，她们或手持乐器，或歌咏奏乐，或散花舞蹈，或侍从护法，或持物供养……

这已经不是河南卫视第一次凭借东方美学出名，在当年的端午晚会上，富有视觉创意的水下飞天舞《祈》，也曾一夜间刷爆全网。《祈》以水为创作空间，舞蹈演员身着薄雾般的裙裾，借助水的浮力，营造了衣袂飘飘、凌空而行、翩若惊鸿的舞蹈效果，加上水对光线的散射效果，在多彩灯光的映衬之下，舞者翩翩、观之如画、恰似飞天，若敦煌壁画中的飞天重现，让人恍惚之间如临仙境。在飞天舞《祈》的带动下，河南卫视投放在各大平台的端午晚会内容总播放量达到了惊人的60亿次。

《祈》《龙门金刚》两支舞蹈在创作和舞台美术设计中都选取了来自佛教艺术的"飞天"意象，其创意源自河南洛阳龙门石窟深厚的佛教文化传统。龙门石窟的开凿始于北魏孝文帝迁都洛阳之际。北魏太和年间，雄才大略的孝文帝认为其都城平城偏于北方，不利于对整个国家的统治，而地处中原的洛阳自然条件优越，于是孝文帝力排众议于公元493年由平城迁都洛阳，都城的迁徙拉开了龙门石窟开凿的序幕。大规模的开凿主要集中在北魏至唐朝，北魏时期的洞窟占整个石窟总数的三成，唐朝占六成。这是北魏和唐朝统治者造像最集中的地方，带有浓厚的国家宗教色彩。北魏时期的龙门石窟造像一改佛教刚传入中国时的雄健特征，所造形象面部及身形消瘦，服装纹路平直，严谨质朴，具有典型的"秀骨清像"特征。唐朝龙门造像以丰满为美，身形饱满，面部浑圆，双肩宽厚，衣纹自然流畅，在北魏造像传统的基础上汲取了中原汉族文化，创新出雄健生动而淳朴自然的写实风格，体现了唐朝开放包容、奋发进取的时代特点。龙门石窟中有大量大小不同、形态各异、栩栩如生的石刻飞天，充分展现了龙门石窟佛雕艺术的细腻精美。龙门飞天衣带飘扬、迎风翱翔，姿态优美动人，造型成熟，但由于自然风化，其原来的色彩已经不再。欣赏如梦似幻的飞天舞，舞者的衣袂、舞台的色彩，让我们联想到敦煌壁画中的飞天形象。莫高窟，俗称"千佛洞"，坐落在中国古丝绸之路的必经通道——河西走廊西端的敦煌。飞天是佛教艺术中经常出现的形象，其文化源头在印度，而敦煌作为中国、希腊、印度、伊斯兰四个文化体系汇聚之地，融合了印度文化、西域文化和中原文化，孕育出独一无二的飞天造型，龙门飞天正是在敦煌飞天成熟风格的基础上进行刻画的。敦煌石窟始建于前秦，历经隋唐以至元朝，形成了规模庞大的佛教石窟艺术群，共计492窟，绘有壁画4.5万多平方米，彩塑像3 000余身，是世界上现存规模最大、内容最丰富的佛教文化艺术宝库。根据历史记载，一位德高望重的僧人乐僔西游到达敦煌鸣沙山，当时正值傍晚，夕阳之下，四周起伏的山峦金辉闪耀，状若千佛，于是他决定在此开凿洞窟，潜心修行，于是就有了莫高窟的第一个石窟，从此开创了莫高窟辉煌灿烂文化的源头。莫高窟名字的由来有两种说法：一种是指沙漠高处的石窟，古时常有中文同音字混用的现象，"漠"逐渐被"莫"替代；另一种说法来自佛教教义，佛教认为修窟建寺是莫大的功德，莫高窟的意思就是没有比修建佛洞更高的修为了。

到了北魏、西魏和北周时期，由于统治者们笃信佛教，敦煌石窟的建造得到了官方的支持，发展迅速；到了隋唐时期，随着丝绸之路上往来商旅队伍的增加，过往的商旅在敦煌驻留、交易、整备行装，他们捐资造佛像、供香火，莫高窟也迎来了发展的高峰，唐朝中后期，虽然国家动荡，但是地处偏远的敦煌并未受到大的波及，洞窟开凿活动持续开展。由于丝绸之路被阻断，东西方的交流受到影响，地处丝绸之路要冲的莫高窟逐渐衰落，佛窟的新建活动较少，主要是对前朝窟室的完善和改造。

敦煌壁画中的飞天造型与洞窟的开凿同时出现，历时千余年，几乎窟窟有飞天。飞天飘浮在空中，或手持供物，或手持各种乐器，以各种美妙的声音来赞美佛、供养佛。飞天造型生动，线条飘逸、流畅，如动听的旋律，令人心醉。敦煌飞天造型发展的鼎盛时期为唐朝，开放包容的大唐帝国政权延续近300年，其间佛教发展繁盛，这个时期敦煌飞天的造型达到了完美的阶段，完成了飞天形象的中国化过程。李白用"素手把芙蓉，虚步蹑太清。霓裳曳广带，飘拂升天行"咏赞敦煌飞天。

河南卫视的舞蹈节目能够获得成功的原因包括两个方面：一方面，节目创作团队对舞蹈艺术的理解深刻，有着精湛的舞艺和优秀的创作能力；另一方面，中华优秀传统文化为其创作提供了不竭的创意源泉，节目创作团队对敦煌飞天、壁画、节气等中华优秀传统文化元素进行挖掘和呈现，实现差异化节日创作。通过舞蹈艺术和舞美设计，将传统文化与现代艺术手法相结合，让观众欣赏舞蹈的同时领略到中华文化的博大精深。基于中华传统文化的舞蹈节目受到社会的关注，在新媒体平台上迅速走红，为其他文化艺术类型提供了宝贵经验，即在艺术创作过程中要守得住初心，根植于中华文化沃土，深入挖掘优秀传统文化，不断创新和提升作品。

河南卫视把以飞天为创意点进行的舞蹈创作，作为传承和弘扬中华优秀传统文化的载体，对此可能有人提出这样的问题：佛教是起源于印度的宗教，为什么我们把敦煌壁画、龙门石刻等表现佛教内容的作品当作传统文化呢？这就要从佛教的传入及其中国化、世俗化的过程谈起。

一 // 佛教在中国的发展

（一）佛教的传入

佛教产生于公元前6世纪到公元前5世纪期间的印度，之后快速传播至亚洲，并向世界各地传播。佛教作为一个体系宏大、教义深邃、思想体系完备的宗教，其传入不是在某一年或某一个时刻完成的。在西汉时期，张骞不辱使命出使西域，大将军卫青横扫大漠，打败匈奴，彻底打通了中西贸易往来的丝绸之路。之后，中国与丝路沿线各国的商贸、文化往来日趋频繁。这种交流不仅促进了经济的繁荣，而且带来了文化的交融。古中国、古印度、西亚和中亚各国之间的交流、学习和借鉴增多，各种文化相互影响，形成了独特的文化交融现象。随着交流的频繁发生，这种文化交融日渐深化，促进了不同文化之间的理解和沟通，形成了丰富多彩的文化成果。在此背景下，佛教通过商贸交流和人员往来传入中国。在各类古籍中，对于佛教的传入有两种比较通行的说法。第一种说法，《三国志·魏书东夷传》注引《魏略》载："天竺有神人，名沙律。昔汉哀帝元寿元年，博士弟子景卢受大月氏王使者伊存口授《浮屠经》曰复立者其人也。"西汉哀帝元寿元年，即公元前2年，这是在所有典籍中记载关于佛教传入中国最早的文献记录，但是由于该文献仅提到天竺僧人口授佛经，至于当权者对其评判、认可或接受等事一概未提，且《魏略》原书已经灭失，其他古籍中并没有对这一节的引用，无法做到相互印证，可谓孤证。第二种说法，东汉明帝永平十年，即公元67年，梁代慧皎在其所著传记作品《高僧传》中记载："汉明帝梦一金人于殿廷，以占所梦，傅毅以佛对。帝遣郎中蔡愔、博士弟子秦景等往天竺。愔等于彼遇见摩腾、竺法兰二梵僧，乃要还汉地，译《四十二章经》，二僧住处，今雒阳门白马寺也。"这一记载是被广泛认可的佛教传入中国的记载，既记载了梵僧东来，又有重要佛经翻译。虽然《四十二章经》不是完整的佛经，但是有当时的当权者对佛教教义认可的描述，且有中国最早的佛教道场白马寺源头的记载——寺庙自然就成为佛教传播的载体。同时，关于汉明帝梦金人这一事件，在《牟子理惑论》《老子化胡经》中也有类似的描述，可相互印证。因此，学界多将汉明帝时期作为佛教传入中国的初期。当然，对于佛教传入中国的时间和方式，在学术上还存有很大的争议。综合上述两种说法和丝绸之路所发挥的作用，佛教应该是在公元1世纪左右逐渐传入中国的。

（二）佛教的传播和兴盛

佛教是在东汉传入中国的，然而，直到魏晋南北朝时期，佛教才真正在中国大规模传播并产生影响，从而出现了统治者推崇宣扬佛教、成规模开窟造像的活动。东汉时期，中央政权的统治基础相对稳固，中国本土的儒家思想非常强大，对佛教教义的传播产生了制约。自汉武帝时期起，汉朝统治者接受董仲舒提出的"天人感应""大一统"，开始在国家政治文化上推行"罢黜百家，独尊儒术"，儒家学说作为社会正统思想上升为统治阶级的意识形态。在中国文化基础上发展起来的儒家思想，有着完整的人生哲学和价值观。儒家典籍强调人生的意义和人生的价值，提倡有为、积极、正面的人生态度，以宗族制度为基础，下至个人、家庭，上至国家，统一于一个系统之中，建立了完整的"伦常"理念，强调"身体发肤，受之父母，不敢毁伤"，人生在世要友爱兄弟、孝顺父母、忠君爱国，有论证清晰且牢不可破的义利观。总体来说，儒家思想强调生命的意义在于"入世"。然而，佛教思想的核心是"出世"。佛教教义提出，"一切有为法，如梦幻泡影，如露亦如电，应作如是观"（《金刚经》），"如实知一切有为法，虚伪诳诈，假住须臾，诳惑凡人"（《华严经》）。人世间一切的执着、牵绊、悲伤、欢乐、欲望、烦恼都是虚幻的东西，如镜花水月，摆脱现实世界各种欲望的束缚，做生命的解脱，这样的哲学观念与儒家思想明显相悖。世界观、人生观、价值观的不同，导致佛教很难与儒家哲学相融。因此，当王朝政局比较稳定、儒家的传统牢不可破的时候，佛教必然会受到强烈的排斥，很难传扬和兴盛。

东汉末年，宦官专权、外戚干政，社会政治黑暗腐朽，作为上层建筑的儒家思想的影响力减弱，中央政权的权威受到地方权贵的挑战。在民间，由于中央控制力的减弱，土地兼并现象日趋严重，豪强地主阶层迅速崛起，成为影响政局发展的重要力量。依附于土地的农民在失去土地后成为豪强地主的附庸，生活困苦不堪，生活中的苦难使得他们对生命的"无常"现象有了更深的体悟。从汉明帝到汉灵帝的多年时间里，先后发生了多达上百次的农民起义，但都被镇压了。社会矛盾没有得到解决，反而在各地激化，最终导致了全国性的"黄巾起义"。社会的动荡不安为地方豪强提供了壮大的机会，最初他们组建武装力量，以保卫自己的庄园，后来随着势力的逐渐扩大，拥有了私人军队。从此，豪强地主成为掌握私人武装的军阀，袁绍、曹操、刘备、孙坚、马腾、刘表等人就是在这样的背景下登上历史舞台的。中央政府的控制力因长期内耗而减弱，需要这些拥有私人武装的军阀来协助维持地方稳定、平定各地的农民起义。这些因素的相互作用进一步加剧了群雄割据的局面。阶级矛盾、中央和地方的矛盾、豪强地主之间的矛盾交织在一起，最终敲响了东汉政权的丧钟。东汉末年，经历了几十年的动荡、战乱之后，逐渐形成了曹操、孙权、刘备三大军事集团。公元 220 年，曹操之子曹丕废除了汉献帝，自立为帝，建立了魏国，史称魏文帝。同时，割据蜀汉地区的汉宗室刘备和统治吴地的孙权相继称帝，中国进入了魏、蜀、吴三国鼎立的阶段。

公元 263 年，魏国消灭了蜀国。两年后，即公元 265 年，魏国的世家大族司马氏篡夺政权，建立了历史上的西晋政权。西晋于公元 280 年消灭了吴国，实现了南北统一，结束了三国的割据局面。然而，西晋的统一并没有持续太久，随后发生了"八王之乱"和少数民族起兵。西晋政权被迫南渡，建立了东晋。此后，南朝经历了多次内乱，先后有宋、齐、梁、陈等朝代更迭；北方因少数民族的大举南迁、起兵作乱，进入了混乱的五胡十六国时期。彼时，民族矛盾、社会矛盾和阶级矛盾交织在一起，各股力量杀戮不断，人民生活困苦不堪。

在魏晋南北朝分裂时期，社会秩序混乱，战乱频频，人民生活在水深火热之中，面临着前所未有的不确定性。长期的战乱和动荡导致社会失序，饥荒、瘟疫、战祸和天灾频发，人们面临不可预测的灾难，他们对西汉以来所倡导的正统礼法、伦理和孝义观念产生了怀疑。在绝望中，他们需要一种神化的形象作为精神寄托，于是佛教传播的社会环境基础出现了。佛教和其虚构的西方极乐世界、因果报应、转世轮回等境界或教义正好满足了人们在乱世中的精神需求。佛教的哲学观"空"强调一切事物都有"成、住、坏、空"的过程，领悟生命中的这一现象，并意识到一切事物的终点都是"空"。这导致了"舍"的观念的出现，使"出世"具有了价值。对统治者来说，他们可以将宗教这种精神寄托上升为国家意志，以控制被统治者的反抗情绪。同时，由于这一时期的政权更替频繁，儒家的正统思想成为统治合法性的障碍，因此他们将儒家思想从统治阶级的意识形态中革除。在这些机缘的作用下，佛教在南北朝时期迅速传播开来。

北朝的主要政权多由北方的游牧民族，如匈奴、鲜卑、羯、狄、羌等少数民族建立。尽管这些民族在精神层面上或多或少都向往和尊崇中华文化，甚至在北魏时期鲜卑族的统治者实行举朝南迁和全面汉化政策，但是儒家思想对其统治阶层的影响有限。因此，佛教在北朝统治阶层中的传播并没有遇到太大的阻力。这一时期佛教达到了前所未有的高度，甚至成为占据社会统治地位的意识形态。值得一提的是，鲜卑族建立的北魏政权是中国历史上第一个宣布佛教为国教的政权，这进一步彰显了佛教在北朝时期的重要地位。

后来，随着佛教在北朝传播的日趋深入，自称汉文化正统的南朝越来越深地受到佛教的影响。诗人杜牧写下了"南朝四百八十寺，多少楼台烟雨中"的诗句，足见佛教在南朝传播之盛。南朝宋孝武帝非常信任僧人慧琳，甚至准许他参与政事，世人称慧琳为"黑衣宰相"。南朝梁武帝笃信佛教，曾先后四次弃江山于不顾，舍身同泰寺为寺奴，文武群臣以大量银钱奉赎回宫，可谓荒唐至极。《广弘明集》卷四中记载，天监三年（公元504年），梁武帝下诏："大经中说道有九十六种，唯佛一道，是于正道；其余九十五种，名为邪道。朕舍邪外，以事正内……其公卿百官侯王宗族，宜反伪就真，舍邪入正。"诏令宣布了佛教为国教。之后，佛教在中国的传播没有了障碍，迅速传遍中华大地的每个角落。

（三）佛教的中国化、世俗化

佛教作为一个外来宗教，面对中国固有的传统文化时，很难进行有效传播。然而，三国两晋南北朝时期的动荡给了佛教一个传播的机会，佛教的传播者也很好地抓住了这个机会，并在很短的时间内将佛教推到了顶峰。中原王朝的统治再次稳定，佛教面临延续和发展的考验。在这个过程中，佛教需要结合社会需求进行自我调整和完善，将其作为中华传统文化的有益补充，与中华传统文化相结合。

在绘制和雕刻造像的过程中，佛教中国化的趋势体现得非常明显。以佛教雕塑造像为例，魏晋南北朝时期，犍陀罗风格、笈多风格与中华传统文化初步结合，迅速形成了具有理性特征的秀骨清像风格；到了唐宋时期，佛教雕塑造像呈现出明显的时代特征和中国化特征，以及中国传统审美与佛教造像的深度融合，佛教造像的中国化、世俗化最终完成。

开凿始于北魏时期的云冈石窟，吸收了佛教的犍陀罗风格。据《魏书·释老志》记载，和平元年（公元460年），"昙曜白帝，于京城西武州塞，凿山石壁，开窟五所，镌建佛像各一，高者七十尺，次六十尺，雕饰奇伟，冠于一世"，这是云冈石窟开凿的明确记载。云冈石窟最初开凿的5座石窟是现在的第16～20窟，由当时的"沙门统"昙曜主持开凿，也称为"昙曜五窟"。第20窟主尊高17米的坐姿佛像，面部丰润，线条转折清晰，高鼻深目，额角线条硬朗，双耳垂肩，口阔唇薄，眉骨刚毅，双目微启，传递出慈悲为怀的气度，在形象上具有明显的异域特征。服装刻画符合佛教典籍仪轨，袒露右肩，薄衣贴身，线条硬朗，是典型的印度式风格。该造像传承并发展了汉朝雄浑厚重的造型特点，初步吸收并融合了犍陀罗艺术精华，将造像的庄严与慈祥集于一身，呈现出沉雄的时代特征。

141

‖ 云冈石窟第 20 窟
山西大同 ‖

在南北朝时期，佛教造像展现出一个显著的特征，即"秀骨清像"。这一风格的形成受到了南朝人物画的影响，集中体现了佛教造像在中国化过程中的造型特征转化。唐朝张彦远在《历代名画记》中评价南朝画家陆探微的画作及其美学特征时，说道："陆公参灵酌妙，动与神会，笔迹劲利，如刀锥焉。秀骨清像，似觉生动，令人懍懍若对神明。"这段论述是对六朝美学风骨的整体概括，而这一特征在佛教造像中得到了淋漓尽致的体现。以北魏龙门石窟宾阳洞造像为例，此窟是北魏孝文帝迁都洛阳后，由皇家主持开凿的代表作品。宾阳洞分为北、中、南三窟，表现内容为三铺造像，是佛教过去、现在、未来石窟的"三世佛"。其中，中洞完成于北魏时期，另外两洞则一直到唐朝才补凿完成。宾阳洞主尊雕像面容清俊秀美，面部线条的转折呈弧形，鼻头饱满，鼻梁低平圆润，人物形象明显受到南方样式的影响。这一造像特征的转变与上述云冈石窟第 20 窟主尊造像有明显的差异。在衣饰处理上，宾阳洞的造像仍表现为薄衣贴身，线条流畅，有明显的程式化特征，同时保留了较为明显的犍陀罗式雄健的风格。在佛教艺术的影响下，秀骨清像的造型风格逐渐在雕塑艺术中得到体现。这种风格强调的是人物形象的清秀和骨感，注重表现内在的精神气质而非外在的形体美。在魏晋玄风的影响下，秀骨清像追求一种内在美，它强调的是一种超越形体的精神美。这种美追求的是"得意忘形"，即追求内在的精神境，超越了对形体美的追求。这种美学观念在当时的艺术和文学作品中得到了广泛的表现，成为一种时代审美的代表。这种造型风格在南北朝时期的佛教造像中得到了广泛的应用，成为中国佛教艺术的一种独特表现形式。这一风格特征的转变不仅展现了佛教造像在中国的发展和演变，也体现了中国艺术在吸收外来文化的基础上不断创新和发展的历程。

‖ 龙门石窟宾阳洞
河南洛阳 ‖

　　到了唐朝，开凿于唐高宗时期的龙门石窟卢舍那大佛，面部造型丰润，前额饱满圆润，微向前倾，双眉弯如新月，一双秀目微启，凝视下方，小而丰润的嘴巴展现出微微的笑意，造型和谐，安详自在，身着通肩式袈裟，衣纹朴实无华，整尊佛像犹如睿智而慈祥的中年女相，令人敬而不惧，具有高度的艺术感染力。龙门石窟卢舍那大佛造像整体饱满，体现了唐朝以肥为美的时代审美特征，面部浑圆，符合中国人对慈眉善目形象的认知，既雄健生动又淳朴自然；服饰刻画上，不再严格遵照佛教典籍规范袒露右臂，而是结合了汉族服装的特点和礼法制度，身着宽袍大袖的袈裟。佛教造像的上述造型特点、人物形象、着衣形式的变化，诠释了其中国化的进程。

‖ 龙门石窟卢舍那大佛
河南洛阳 ‖

　　到了宋朝，在中国化的基础上，佛教造像呈现出明显的世俗化倾向。以大足石刻造像为代表，其中北山佛湾第 125 号龛数珠手观音以立像形式表现，头部雕镂精美的花冠，冠饰缎带以卷曲的姿态垂于肩头，艺术地展现了缎带的轻柔。尽管它是由石材雕刻而成的，但是几乎让人忘记其石质的属性。观音的面部轮廓圆润，五官刻画生动传神，头部微微低俯偏向左侧，双眼低垂，似乎在回避世人的目光，或是在遐思。嘴角轻轻向上翘起，双唇微启，仿佛带着笑意，增添了几分娇羞之态。观音右手轻拈一串佛珠，左手轻扼右腕，双手交叠于腹前。右肩轻轻扬起后撤，左肩下垂向前，使上半身形成微微向后侧转的动势，腹部微微向前挺出，进一步突显了其身形的窈窕和柔美。整体造型轻盈自然，给人一种悠闲自若的感觉。在服饰造型上，观音具有唐朝仕女披帛和半臂的特征。胸前衣饰雕刻细腻，一侧裙角垂拢，叠于脚面，一侧裙角飘于身后。身体两侧的绶带飘散开来，共同营造了一种静中有动的视觉效果，颇具"吴带当风"之趣。从整体造型的动态和面部轮廓来看，这尊观音塑像展现了一个含情幽思、俏丽妩媚的少女形象。因此，这尊塑像被人们昵称为"媚态观音"。尤其是她那略带神秘感的微笑，使人联想到达·芬奇的名作《蒙娜丽莎》。四川美术学院的孙闯教授曾对这尊造像做了深入解读，他认为这尊观音的动态和表情最能反映当时中国佛教雕塑的世俗化倾向。妩媚的观音造像仿佛是街市上风情万种的窈窕少女，完全颠覆了宗教造像固有的庄严肃穆形象。

大足石刻北山石窟媚态观音
重庆大足

另外，在佛教的传播过程中，传播者不断将中国的世俗观念与佛教教义相结合，使得原本远离尘世、脱离世俗的佛教出现了世俗化的倾向。早期的供养人像会远离造像的核心部分，如北魏时期开凿的龙门石窟宾阳洞中的佛雕《帝后礼佛图》，供养人处于洞中两侧，并不起眼，但是到了唐宋时期的麦积山石窟和双林寺，供养人的体量越来越大，不再依附墙面而是来到了佛的身边，成为构图的重要部分。

当然，中华民族和中华传统文化具有极强的包容性、开放性，为佛教的传入提供了积极开放的环境。经过长时间的交流和融通，两种文化不断相互适应，佛教最终成为中华文化的一部分，其中的优秀内容得以与中华文化中的儒家、道家思想相融合，为佛教中国化的完成提供了条件，最终在唐宋时期形成了儒、释、道一体的文化架构。

二∥佛教对中国传统造型艺术的影响

在中国历史的发展进程中，佛教传入无疑是一个重大事件，对中国社会产生了深远的影响。尽管我们难以察觉佛教对我们产生的深刻影响，但我们不经意间用到的词语，如"话不投机""一尘不染""身无挂碍""五体投地""万劫不复""善男信女""神通广大""方便之门""冤有头债有主""百尺竿头"等都源自佛教。此外，形容时间的词语，如"须臾""一刹那""弹指一挥间""转念""瞬间"等，也源自佛教。这些词语已经深深印刻在我们的脑海中，成为我们日常生活的一部分。佛教虽然是一个外来宗教，但是经过与中华文化的长期融合，已经潜移默化地影响了我国的哲学、建筑、雕塑、文学、绘画、工艺美术、社会习俗等方面。例如，在建筑方面，佛教的传入带来了新的建筑形式和元素，如佛塔、寺院、庙宇、石窟等，它们逐渐与中国传统建筑文化相融合，发展出新的建筑风格。在文学和绘画方面，佛教的题材和思想给中国艺术带来了新的创作灵感。

佛教造型艺术起源于印度，但是在古印度佛教信仰中并不造像，其宗教仪式主要通过拜"窣堵波"——印度塔来完成。早期佛教修行的要诀是念佛，通过念诵佛经进入专注一念的禅定之中。后来，为了激发教众的崇拜感情，开始渲染圣迹、圣物、圣行等，"窣堵波"是埋葬得道高僧的印度塔和苦修僧人的修行地，石窟作为圣迹被纳入礼拜仪式，后来出现了佛塔相结合，将塔建在了石窟之中，但窟中仍然是拜塔而非造像。然而，任何思维都需要有具体对象，特别是对纯教义的宣传而言，无文化知识基础的信众如何凭空想象佛陀的具体形象并产生牢固的信仰？这是一个亟待解决的问题。因此，具体再现的佛陀形象就成为佛教历史发展的必然要求。

公元前 326 年，马其顿军队的入侵给印度带来了古希腊的具象的造型理念和人像雕刻技巧。这些理念和技术最早在犍陀罗与秣菟罗地区得到了应用，催生了大量以深目高鼻、古朴厚重为主要特点的犍陀罗风格佛教雕塑的制作活动。在处理造型时，这些雕塑注重自然的写实性。从人物造型的比例关系和面部刻画来看，犍陀罗风格的雕塑制作者常将人物的额头部分塑造为平缓且突出的造型，眉弓与眼睛的距离较远。面部刚毅，头发多为卷发的波浪式。高直挺隆的鼻梁是古希腊英雄雕塑的典型特征。遵照佛教教义的传统，这些雕塑的面部神情被塑造得安详沉静，且这些雕塑多呈现佛陀垂目冥想的状态。

在佛教的早期阶段，佛教艺术开始将宗教教义与雕塑艺术相结合。在这个过程中，希腊雕塑艺术的技巧和方法被吸收，印度最终开创了宗教艺术的辉煌时代。在佛教从古印度向外传播的过程中，亚洲等地都出现了大量的佛教雕塑制作活动。这种制作活动与其造像传统的形成密不可分。同样，当佛教传入中国时，造像活动迅速展开。与其他地区相比，中国拥有更深厚的造型工艺传统和经济基础，这是中国佛教造像活动能够广泛开展的重要因素。

在中古世纪，宗教和各种学说的传播手段主要包括文字传播、口头传播、行为方式传播、形象传播等。对佛教而言，口头传播和行为方式传播是其主要的传播方式。高僧大德或早期信众通过口授的方式向民众阐释教义，或者以个人践行教义的行为来产生示范效应。然而，这两种方式都受限于人为因素，明显受时空限制。相比之下，文字传播是一种更广泛的传播方式，它不受时空限制。当时，印刷术尚未发明，文字传播并不容易。更重要的是，作为传播受众主体的民众有很大一部分并不掌握文字工具，这使得文字传播只能在小范围内进行，无法真正普及。

在当时的社会背景下，佛教为了更有效地传播教义，需要寻找一种既直观又普及的传播方式。绘画和雕塑成为最佳选择，它们能够以形象的方式呈现佛教的教义，并通过视觉冲击来触动人们的心灵。很多劳动人民可能不识字，也没有机会接受高深的教育。然而，当他们面对巨大而崇高的佛像时，那种悲悯、祥和的形象会引发他们内心的共鸣。这种形象与他们自身的卑微形成鲜明对比，从而触发他们深藏的宗教情感。这种情感的生发是自然的，它使得佛教教义在人们心中生根发芽。一旦有了这样的初步认同，后续的接纳和皈依便变得水到渠成。

佛教造像传入中国时，带有融合了中亚和古希腊雕塑硬朗、刚劲特点的犍陀罗艺术风格。魏晋南北朝时期中国北方修建了大量石窟艺术群，具有代表性的有甘肃敦煌莫高窟、天水麦积山石窟、山西大同云冈石窟、河南洛阳龙门石窟、山东青州北齐风格石雕造像等。这一时期的中国佛教，在借鉴和吸收外来造像风格的基础上，结合中国传统的造像方式和美学观念，创造出辉煌灿烂的佛教艺术。

中国传统造型艺术发展的显著特点之一是兼收并蓄。在两宋及其之前的漫长岁月中，我国不断对佛教艺术进行融合吸收，并形成了新的形式。这在魏晋南北朝时期尤为引人注目，社会的动荡、士大夫阶层的出现及异域文化的传入，共同给造型注入了新的活力。这一时期的造型艺术作品，在宁静的外表下蕴藏着与这个激烈动荡时代相契合的沉雄气象。同时，儒家和道教在佛教造像的影响下，开始开展自己的造像活动，这一变化不仅体现了中国传统造型艺术的包容性和创新性，而且体现了不同文化、宗教间的相互借鉴与融合。

三∥佛教对中国传统设计艺术的影响

（一）装饰艺术风格变化

随着佛教石窟造像、宗教壁画中外来装饰元素的传入，这些异域工艺元素虽在表现内容、造型形式、画面组织、形式法则等方面都与中国传统工艺设计和装饰风格有着明显的不同，但以其独特的魅力对中国传统设计艺术产生了深远的影响。这种影响主要体现在以下几个方面。

第一，装饰纹样的融合与创新。佛教装饰艺术中的许多纹样，如莲花纹、卷草纹、忍冬纹、宝相纹、火焰纹等，以其富有装饰美感的造型形式以及吉祥寓意为社会所接受，逐渐从佛窟、寺庙中走出来，与中国传统的建筑装饰、家具图案、纺织纹样、漆器工艺、陶瓷图案等相结合，被广泛应用于中国传统装饰艺术中。这些纹样的引入不仅丰富了中国传统装饰艺术的题材和样式，而且促进了中国传统装饰纹样的创新和发展。例如，唐朝的卷草纹就是融合了佛教装饰艺术中的卷草元素和中国传统云纹而形成的新的装饰样式。

第二，装饰色彩的丰富与对比。佛教装饰艺术注重色彩的运用，尤其是对比强烈、鲜艳的色彩。这种色彩的运用对中国传统装饰艺术产生了影响，使得中国传统装饰艺术在色彩运用上更加注重对比和鲜艳度，改变了以往装饰强调和谐统一的色彩搭配特征。例如，唐朝的三彩陶塑、唐宋的青绿山水、明清的彩瓷等都有佛教装饰色彩强调对比、鲜艳的影子。

第三，装饰风格的转变。佛教装饰艺术因其服务对象的宗教要求，形成了庄重、严肃、追求心灵平和的独特风格，通过画面要素的协调搭配，注重表现对称、均衡和韵律美。这种风格使得中国传统装饰艺术在风格上发生了转变，从注重写实和具象表现逐渐转向注重抽象和意象表现。这种转变在魏晋南北朝时期的石窟艺术和唐朝以后的寺庙装饰中尤为明显。

第四，装饰材料的多样化。佛教装饰艺术使用了大量的宝石、金属、陶瓷等材料，这些材料的使用不仅丰富了装饰效果，而且促进了中国传统装饰材料的多样化发展。例如，在佛教艺术的影响下，中国古代陶瓷工艺逐渐发展出青瓷、白瓷、彩瓷等多种类型。

（二）建筑设计变化

佛教的传入对中国传统建筑产生了深远的影响，这种影响体现在建筑风格、空间布局、装饰艺术、建筑材料等方面，同时促进了中国传统建筑的多样化和创新发展。宗教教义带来了全新的建筑形式和造型元素，如塔、寺院、石窟等。这些建筑形式和造型元素逐渐与中国传统建筑风格融合，形成了新的建筑风格。例如，中国传统的木构架建筑在佛教的影响下，逐渐吸收了石结构和砖结构的元素，形成了砖石结构建筑作为中国传统土木结构建筑补充的局面。另外，传统的佛塔受到中国木结构建筑的影响，从不可登临变为可登临，由石结构转变为木结构和砖石结构并用的风格。

佛教的传入影响了中国传统建筑的布局。佛教寺庙的布局通常采用轴线对称的方式，主轴线上有山门、天王殿、大雄宝殿等建筑，两侧则有配殿、钟楼等建筑。这种布局方式逐渐被引入中国传统建筑中，尤其是园林和寺庙建筑中。例如，南京的瞻园就是借鉴了佛教寺庙的布局方式，形成了层次分明、主次有序的空间效果。佛教的装饰艺术独特而丰富，包括壁画、佛像、雕刻等。这些装饰艺术形式被引入中国传统建筑中，促进了中国传统建筑装饰艺术的发展。例如，在明清时期的宫殿和寺庙中，可以看到大量使用佛教装饰元素的壁画。

佛教的传入还带来了新的建筑材料和技术，如砖石结构、琉璃瓦等。这些新的材料和技术逐渐被应用于中国传统建筑中，推动了建筑技术和材料的创新。例如，在佛教的影响下，中国传统的木结构建筑开始采用砖石结构作为辅助结构，提高了建筑的稳定性和耐久性。

　　佛教传入中国后，其思想观念对中国传统设计产生了影响。佛教强调"空"和"无"的理念，主张去除一切矫饰，追求自然和本真的美。这种思想观念影响了中国传统设计的审美取向，促使设计师更加注重自然、简约和内在的精神意蕴。在历史的长河中，中国传统设计与佛教文化相互融合，共同发展，形成了具有中国特色的设计和艺术风格。

四∥佛教的文化与设计

　　佛教传入中国后，对中国传统文化形式产生影响的同时，根据中国社会固有的传统文化和生活习俗做出了改变。在造型艺术上，早期的犍陀罗、笈多艺术风格很快与中国的儒家、道家文化相结合，形成了内在高雅的人格特征和气度潇洒的外在形象。早期的菩萨像因中国文化中固有的慈悲女性形象而发生改变，到了唐宋时期，观音菩萨的形象已经具有了明显的女性特征。佛教修行的洞窟与中国建筑艺术相结合，发展出以中式建筑为体、以佛教思想为用的中国佛寺建筑。

　　佛教的中国化，是中华传统文化开放、包容、融合的结果。因此，当水下飞天舞和大量敦煌题材的文化创意产品出现时，我们不会觉得这是外来文化，它们已经内化为中华文化的一部分。当下，中国娱乐节目在借鉴外来真人秀节目的基础上，结合自身文化进行创新，不断提升节目的质量和文化内涵，必将创造出符合时代审美的艺术形式。

第十二章

复活的商船

2005 年 10 月 2 日，在瑞典海港上，人们目送一艘仿佛从 18 世纪穿越而来的古代商船扬帆远航，踏上了承载着历史使命的航程，它的目的地是远在万里之外的广州。这艘名为"新哥德堡"号的船，是瑞典人花费 10 年时间和 3 000 万美元重新打造的仿古船，这趟行程的背后是一段早已被历史尘封的国际贸易往事。

‖ "新哥德堡"号 ‖

1745 年，隶属于瑞典东印度公司的"哥德堡"号商船满载着茶叶、瓷器、丝绸等 700 吨货物，第三次从中国广州的港口启航，踏上了返回欧洲的旅程。这些货物是中国悠久文明历史的结晶，每一件都承载着精湛的技艺和无与伦比的智慧。1745 年 9 月 12 日，这艘在大洋上往返奔波了两年半之久的商船终于回到自己的国家。当日，大量的群众聚集在哥德堡码头上，翘首盼望远航者们的归来。让他们如此期待的，除了船上的亲人、朋友，还有这艘商船上所装载的数百吨中国商品，根据前两次商船返回的经验，他们中的很多人将借此机会暴富。好几艘小型船只提前出港迎接，伴行在"哥德堡"号的左右，好不风光。然而，就在船只距离港口半海里左右的地方，令所有人意想不到的事情发生了，"哥德堡"号鬼使神差地偏离了航线，触礁了。刹那间，海水无情地涌入船舱，吞噬着这艘商船，不久之后商船连同大量的货物一起沉入了海底。伴行的小船迅速展开救援，瑞典东印度公司也迅速组织抢救人员和物资。经过努力，没有人员伤亡，但是大量的商品因受到海水的浸泡而变得毫无价值，部分完整的瓷器，以及少量的丝绸、茶叶得以保全，但是总量还不到所有商品的 30%。

1986 年，一支探险队利用现代技术对"哥德堡"号沉船进行了打捞，成功地找到了运输的部分茶叶，以及船体尾柱、舵等部分残骸。这不仅为"哥德堡"号的研究提供了宝贵资料，而且激发了瑞典人民重建这艘传奇商船的热情。1995 年，一个宏伟的计划开始实施。为了重现"哥德堡"号的辉煌，400 名工匠投入这项工程中，他们遵循 18 世纪的造船技术和原料，历经 10 年时间，最终重现"哥德堡"号，于是有了 2005 年"新哥德堡"号的中国行程，船上除了有水手，还有两位中国记者。2006 年 7 月 10 日至 17 日，中央电视台《探索·发现》栏目播出了一部名为"追逐太阳的航程"的大型纪录片，该片详细记录了"新哥德堡"号远航中国的光辉历程，并且追溯了从"哥德堡"号沉船上抢救下来的货物情况。

在慌乱地抢救完触礁沉没的"哥德堡"号的船员和货物之后，人们开始对那仅存的 30% 货物进行分类登记，力求将损失降到最低，这些商品很快以拍卖的形式被售出。令人意想不到的是，这仅存的部分商品不仅抵消了中国之旅的全部成本，而且让瑞典东印度公司的股东获得了 14% 的利润。如果"哥德堡"号没有触礁沉没，船上的中国商品将给瑞典带来丰厚的财富，据估算它们的价值高达 2.5 亿瑞典银币，这甚至比当时瑞典一年的 GDP 还要多。

18 世纪，中国在欧洲人心目中就是财富和时尚的代名词，欧洲各国的达官显宦对来自神秘东方的商品十分感兴趣，大宗瓷器、茶叶、丝绸等商品，给勇于在大洋上冒险的商船带来了丰厚的财富。中国瓷器优良的品质和精美的图案令欧洲人着迷，使用中国瓷器是高雅品味的象征，此时的青花瓷与等重量的白银价格相当，被誉为"白色的黄金"。欧洲人深知那些来自中国的瓷器很珍贵，它们不仅代表着较高的艺术价值，而且象征着权力和地位。这一时期的波兰国王奥古斯都二世便是一位狂热的瓷器收藏家，他倾尽全力收集各种珍贵的瓷器，他所收藏的中国瓷器多达 24 000 件，有一次为了得到 150 个产自中国的大型龙纹瓷缸，甚至用了600 名近卫骑兵进行交换。

随着时间的推移，欧洲各国纷纷开始尝试复制中国的瓷器制造技术，试图打破中国对全球瓷器的垄断。伟大的科学家牛顿也曾对瓷器的制作原理产生过浓厚的兴趣，并进行了一番研究。然而，无论当时欧洲人如何努力，他们一直无法完全复制出中国瓷器的独特品质，这一情况直到 18 世纪之后才得以改变。

陶器制作工艺是制瓷工艺的基础，最早在石器时代出现，并且在世界各地的文明中都有所发展。迄今发现的最早的陶器距今约有 2 万年，而中国仙人洞遗址中复原的陶罐样品进一步证明了这一点。随着人类文明的发展，农耕和定居使得人们对盛放食物、水和其他生活用品的"器皿"的需求不断增加。尽管最初的陶器比早期的木片、石片、瓜果壳等材料更实用，但是陶器存在一些难以克服的缺点。例如，从结构上看，陶器是由黏土颗粒制成的，颗粒间存在大小不一的缝隙，这导致其结构疏松，强度较低；同时，陶器的水密性较差，会吸水和渗漏，陶质盛器吸收了油脂之后会变得难以清理。相比之下，瓷器的质地更细密，强度也更高，由于其结构致密，瓷器可以制造得非常薄，从而使瓷器变得精致、轻巧且便于携带。瓷器表面光滑平整，施釉后水密性很好，易于清洁，不会留下难以清除的污渍，直到现在它仍是人们日常使用频率最高的餐具。瓷器的光洁明亮程度远超陶器，给人更精致和高档的感觉，釉面色彩和图案的装饰提升了其艺术魅力。然而，陶器到瓷器的转变并非一蹴而就，这不仅需要特殊的材料，而且对制作工艺的要求更苛刻。

瓷器，可谓是中国古代最伟大的创造之一，其背后涉及自然资源、科技水平、市场需求以及文化背景等多个方面的因素，它们之间的共同作用使得中国成为瓷器的故乡，给世界带来了这一艺术瑰宝，并对世界经济、生活和文化交流产生了深远的影响。那么，在瓷器诞生的漫长岁月中，其他文明都在做些什么呢？为什么只有中国能够成功地发明瓷器呢？

一 // 瓷器的产生条件

从客观角度来看，瓷器的发明必须具备充足的资源和技术条件。资源主要包括合适的坯料、釉料及大量用于烧制的燃料，瓷土作胎是瓷器产生的物质基础。技术方面主要涉及上釉工艺和高温烧制技术，烧制瓷器时需要1 200℃的高温，而上釉技术是瓷器优化、完善的最后一步。总之，瓷土制胎、1 200℃的高温烧制、上釉技术三项缺一不可。在古代，真正能够集齐这些资源和掌握相关技术的文明并不多，而中国就是其中之一。

首先，陶器的烧制温度为800～1 000℃，瓷器烧制所需的温度要高得多，且必须在烧制过程中长时间保持稳定的高温环境。瓷器的烧制温度通常达1 200～1 300℃，这比青铜器冶炼所需的温度还要高，略低于冶铁所需的温度，而高质量瓷器所需的烧制温度则达1 400℃以上。基于此，越早进入铁器时代的文明，越有优势。考古发现，最早掌握冶铁技术的文明出现在美索不达米亚地区，早在4 500年前这一地区就能够冶铁，并于公元前20世纪至公元前10世纪将其传播到了北非和地中海沿岸的欧洲地区。中国在商朝的遗址中发现了陨铁制作的武器及工具，与北非、地中海沿岸地区掌握冶铁技术的时间差不多，到春秋战国时期各诸侯国都逐渐掌握了冶铁技术，西汉以后铁器普及，中国真正进入铁器时代，瓷器的生产也同这一历史进程相重合。

其次，坯料是制作瓷器的关键原料，制作瓷器必不可少的材料是高岭土——因江西景德镇高岭村而得名，是一种非金属矿产，其矿物成分主要包含高岭石、埃洛石、水云母、蒙脱石、长石、石英等，全球瓷土质量最高的地区主要集中在亚洲的中国和美洲的美国、巴西等地。尽管中亚地区的苏美尔人和巴比伦人所在地区的文明发展较早，有着优良的制陶技术，在各文明中最早掌握冶铁技术，具备控制炉温的能力，但是由于他们生活的区域缺乏优质的瓷土矿这一物质基础，他们无法制作出瓷器。美洲虽然有着丰富的高岭土矿藏，但是这些矿藏主要分布在当时人迹罕至的现美国佐治亚州和巴西的热带雨林地区，资源和文明发展的错配使得美洲没能发明瓷器。反观中国，不仅高岭土矿藏丰富，在全国各个地区均有不同程度的分布，而且与中华文明的发展区域重叠，为瓷器的出现奠定了物质和技术基础。

再次，除了坯料和高温，上釉工艺也是制作瓷器的重要技术之一。历史上，上釉技术最早由古巴比伦人发明，他们使用盐、苏打和石英粉末作为原料，通过高温烧制得到釉料。然而，当时的工艺还无法做到让釉料均匀地分布在盛器表面，因此上釉技术在水密性等方面的效果一般。古巴比伦人将上釉技术主要用于釉面砖的装饰，如马赛克。后来，这一技术传播到了埃及，在那里上釉工艺同样主要用于装饰。例如，著名的图坦卡蒙黄金面具上的黑色条纹就是利用上釉工艺制作的，那是一种类似于景泰蓝的金属烧釉工艺。相比之下，中国古代的制陶工匠很早就开始探索如何获得更高质量的器物表面。例如，在 4 000 多年前的新石器时代龙山文化时期，工匠烧制出了著名的黑陶。在烧制后期将窑炉停火封门，并在窑顶孔上浇水，这种做法使得燃料中的碳素与蒸汽结合，渗入陶器的胎体，从而形成了黑亮的外观。此外，这一时代的制陶工匠掌握了利用轮制工艺进行陶器制作的技术，并在拉坯完成后对陶坯进行二次加工，这使得龙山黑陶的器物造型更加规整和精致。在商朝，工匠发现草木灰在高温下会形成釉层并附着在陶器表面，经过不断实践和探索，最终发明了最初的上釉技术——自然上釉法，上釉工艺在后来的陶器中得到了更广泛的应用和发展。这一技术的发明不仅提高了陶器的实用度和美观度，而且为瓷器的出现奠定了基础，中国瓷器上的精美图案和独特的光泽都得益于陶器上釉技术的积累。黑陶等制陶工艺的提升和上釉工艺的进步，体现了中国古代对制陶技术的不断探索和实践。随着时间的推移，中国工匠不断改进技术，最终成功地发明了瓷器，这一伟大的创造具有重要意义，对中国乃至世界的经济和文化都产生了深远的影响。

最后，中国人民的勤劳智慧和精益求精的精神是瓷器发明的重要推动力。从最早的素陶、彩陶到黑陶、白陶，从上釉技术的出现到不断革新，从高温烧制工艺到窑炉造型（馒头窑、葫芦窑、龙窑等）的变化，无不体现着中国古代工匠的智慧和探索精神，他们薪火传承，不断创新，推动着陶瓷工艺的发展。

在金属冶炼技术的进步、古代工匠的勤劳智慧、得天独厚的资源条件等因素的共同作用下，中国最终成为世界瓷器的发源地。

二 // 瓷器的发展

（一）制陶技术的发展

●黑陶

黑陶出现在新石器时代晚期，其烧成温度高达 1 000℃，有细泥、泥质和夹砂三种类型。其制作工艺精细，以细泥薄壁黑陶的制作水平为最高。在大汶口文化、龙山文化、良渚文化等遗址中都有黑陶出土，其中龙山文化的黑陶工艺制作水平非常高，陶土经过淘洗后，采用轮制技术，器型工整对称，造型优美，器壁薄如蛋壳，经打磨和高温渗碳烧制后，呈现出漆黑、光亮的效果，具有"黑、薄、光"的艺术特点，部分器壁厚度仅为 0.5 毫米，被誉为"蛋壳陶"。在烧造过程中采用渗碳工艺，这使黑陶质地坚硬。黑陶制作技术要求高，无法大量生产，主要作为礼器使用。

出土于山东日照东海峪的蛋壳黑陶高柄杯，是一件非常珍贵的古代陶器。蛋壳黑陶高柄杯通高 19.5 厘米，口径为 9 厘米，足径为 4.7 厘米，为泥质黑陶。它的造型非常独特，细高且具有喇叭形大侈口，深腹圆底，其下为细长柄。长柄中部凸起，作鼓腹状，表面布满竖向细镂孔，排列整齐、均匀。柄下端为圈足形座，腹部饰有弦纹，造型别致，制作工艺非常精湛。最令人惊叹的是，杯身最薄处仅 0.5 毫米，展现出了很高的制作水平。

‖ 蛋壳黑陶高柄杯
山东博物馆 ‖

● 白陶

白陶是一种以瓷土或高岭土为原料，经过高温烧制而成的白色陶器。其表面通常经过打磨和抛光，呈现出光滑细腻的质地，给人以清新素雅的感觉。白陶最早出现于公元前 3 000 年左右的新石器时代晚期，二里头文化、龙山文化遗址中都有发现，商朝是白陶生产的鼎盛时期。商朝晚期，白陶制作技术得到了高度发展，经过精细的淘洗和加工，原料中的杂质得以去除，进一步提高了白陶的质地和美感。当时，贵族和王族主要使用白色陶器作为祭祀用的礼器。这种白陶相较于原始黑陶和红陶质地更加坚硬,其胎质洁白细腻,装饰工艺也日趋成熟。近年来,考古人员在河南安阳的殷墟遗址中,陆续发现了多个制陶工坊,并从中出土了大量白陶。白陶装饰主要采用模压、印纹的方式,早期纹饰厚重,能够起到加固的作用,后期纹饰类型趋于丰富,重在装饰图案。商周白陶在造型和纹饰上都与同时代的青铜类似,其早期纹饰影响了青铜器,后期纹饰则模仿青铜器。

河南新乡出土的白陶象尊,高8.8厘米。象尊为商周祭祀用的盛酒礼器,它由白陶制成,造型和纹饰却深受同时期青铜的影响,造型玲珑可爱。象尊背部及两侧装饰有线刻凤鸟纹、夔龙纹,鼻、耳上则装饰有鳞纹,前额装饰有蛇纹。

‖ 白陶象尊
河南博物院 ‖

商朝早期,白陶主要为酒器,主要包括鬶、盉、爵等,其纹饰以人字形纹、绳纹为主。商朝中期,白陶又增加了豆、罐、钵等器物类型,装饰以素面磨光为主。商朝后期,白陶进入高度发展期,一些白陶的形制和器表纹饰开始模仿同时期的青铜礼器,制作精美,器表多装饰有饕餮纹、夔纹、云雷纹、曲折纹等。西周时期,白陶的制作和使用开始逐渐减少,直至消失。

相较于黑陶的精细加工,高质量的白陶直接使用了高岭土,这使得工匠对瓷土有了初步的认识,其烧成温度较灰陶、红陶高,为瓷器的出现奠定了材料基础。

● 釉陶

釉陶是一种在表面施釉的陶器。釉的出现不仅使得陶器表面变得光滑平整,起到防水、保护胎体的作用,而且为陶器增添了装饰效果。古代的西亚、埃及和欧洲都有制作铅釉或锡釉陶器的传统,其中一些锡釉陶器还有彩绘,增加了艺术价值。中国考古资料显示，最早的釉陶出现在河北地区的磁山文化时期，距今约7 000年。中国的釉陶最初主要使用绿、褐黄等单色釉，釉料中含有金属铅，这使得釉的熔融温度降低到700℃，铅釉的呈色主要因釉料中所含氧化金属物不同而异，含铜铅釉因氧化铜而呈现出青绿色，含铁铅釉则呈现出褐黄、棕红等颜色。到了王莽时期，技术进一步发展，出现了可以同时施黄、绿、酱红、褐等复色釉的陶器，显示了釉陶工艺的不断创新和进步。到了东汉时期，釉陶达到了发展的巅峰。此时的釉陶种类繁多，包括壶、樽、罐、洗、博山炉、瓶等，还有建筑模型和各种陶塑，如俑人、猴、鸭、狗、鸡等。此外，这一时期还出现了黑色釉，进一步丰富了釉陶的色彩。陶器上釉技术的进步为瓷器的出现做好了充足的准备。

（二）瓷器的发展时期

一些研究者将中国瓷器出现的时间定在商朝甚至更早，以瓷土作胎所制作的器皿即原始瓷器。然而，更多的学者认为应该以瓷土作胎、高温烧制、釉面处理作为瓷器出现的标准。按照这三个标准，中国的瓷器大约出现在东汉中后期，这一时期的瓷器主要有青瓷和黑瓷两种，在东汉之后的三国时期，制瓷技术进一步发展，白瓷出现。青瓷、黑瓷和白瓷并非指单一颜色的瓷器，而是指一个系列的瓷釉色系。青瓷涵盖了青绿、青黄、青褐、青灰等多种色调；黑瓷包括褐色、酱色等；白瓷的颜色可能略微偏黄或偏青。这些瓷器之间的主要区别在于釉料中铁的含量。具体来说，如果釉料中铁的含量低于1%，烧制出来的瓷器便是白瓷；当铁的含量在1% ~ 3%时，瓷器则呈现为青瓷；铁的含量超过4%时，瓷器则变为黑瓷。铁含量的精确控制使得瓷器呈现出丰富的色彩，同时反映了制瓷工艺的发展水平。

从商朝原始瓷器的诞生到汉朝瓷器的出现，这千年间的洗练与沉淀为瓷器的发展奠定了坚实的基础。在漫长的岁月中，瓷器一直未能像青铜器那样对整个国家产生强大的影响，但它获得了自由发展的空间。早期的原始瓷器因未受官方重视，得以在民间文化的滋养下自由绽放，展现出多样化的样式。随着对瓷器工艺的不断探索，汉文化圈对瓷器釉色微妙变化的审美感知逐渐敏锐，开始制作出尽善尽美的单色釉瓷器，文化的交流与融合推动了彩色釉的发展。

●隋唐

历史的车轮滚滚向前，进入隋唐时期，中国瓷器的发展迎来了第一个高峰。隋朝之前的南北朝时期，作为白瓷主要出产地区的北方常年战乱，制瓷业的发展受到影响，几近停滞；出产青瓷的南方地区社会环境相对稳定，经济社会得到发展，制瓷工艺迅速提高，青瓷在瓷器家族中的地位逐渐上升，话语权越来越大。

到了唐朝，白瓷终于迎来了它的春天。青瓷和白瓷在胎质上均为白色，但二者之间的核心区别源自釉料中铁元素的含量。白瓷的制作要求胎体和釉面均呈现出洁白无瑕的质感，这意味着在制造过程中，工匠必须严格控制原料中铁的氧化物含量，使其低于 1% 或者完全不含铁。这种严格的控制使得白釉料相较于青釉料更纯净。此外，白瓷的烧造工艺要求也明显高于青瓷，这使得白瓷成为一个独特且精致的陶瓷品类。目前，已知的最早的白瓷是在河南安阳北齐范粹墓中出土的。1971 年，考古工作者在这座墓中发掘并清理出 10 余件瓷器，其中 5 件尤为珍贵，它们都是白瓷。通过解读出土的墓志铭，可以得知墓主人为北齐的骠骑大将军范粹，他离世时年仅 27 岁。由于范将军的地位显赫，他被厚葬于此，随葬品的等级和规格都很高，这些白瓷作为随葬品在一定程度上代表了当时制瓷工艺的最高水平。经过长时间的积淀与发展，白瓷与青瓷分庭抗礼。

在唐朝，瓷器领域呈现出"南青北白"的格局，南方青瓷独领风骚，以浙江的越窑为代表；北方白瓷以河北的邢窑为代表。因此，人们也常常用"南越北邢""邢白越青"来形容这一时期的瓷器产业分布。在这个过程中，青瓷与白瓷的竞争与交融，不仅推动了瓷器工艺的不断进步，而且为我们留下了丰富的文化遗产。

这一时期，除了单色釉瓷器的发展，还出现了著名的唐三彩陶器，展现了唐朝多元的文化魅力。作为中国封建社会发展的高峰，唐朝以其稳定的社会政治环境、繁荣的经济局面和丰富的生活内容为艺术的繁荣发展奠定了坚实的基础，最终达到了前所未有的辉煌灿烂。唐朝前期，国家统一、政治稳定的社会环境促进了国内各民族之间的交流与融合，随着国力的不断增强，南北朝时期积聚的文化力量得以集中展现。唐朝文化的显著特征是，以博大的胸襟服纳域外文化的精华，营造开放的文化环境，文化艺术呈现出前所未有的繁荣局面，唐三彩正是在这样的背景下发展起来的。

三彩，作为一种多色釉陶装饰技法，以黄、褐、绿为基本釉色，即使同时兼具蓝、红、黑、白等色彩，也被习惯性地称为"唐三彩"。其突出特点是采用铅釉陶装饰工艺，这种工艺可追溯到汉朝。东汉时期开始出现以含铅釉料装饰的绿釉陶，为唐三彩的形成奠定了技术基础。到南北朝时期，单色或双色的釉陶俑出现，这标志着唐三彩进入形式探索阶段，并为多彩釉陶俑的发展奠定了基础。唐三彩以生动形象的造型、饱满的色彩和富有生活气息的表现内容而著称。其主要作为明器使用，但随着考古工作的深入，考古工作者发现了部分用于生活的三彩作品。在唐朝之后的宋、辽、金等时期，三彩陶器的制作逐渐减少，三彩俑的制作未停止，但不再是主流，其形制和艺术魅力无法与唐三彩相提并论。

盛唐时期的唐三彩涌现出一类独具特色的作品，其发展了自然上釉法，并以此实现彩色釉的自由流淌。这种流淌不仅展现出三彩釉料与造型装饰的结合，而且展现出一种轻松自在、形式自由的艺术风格，彰显出大气磅礴的气势。这一时期的唐三彩用色大胆、手法流畅，其绚丽色彩与所塑对象的形制特点相得益彰，展现出独特的美学特征和强烈的形式感。这种艺术表现与美国后现代艺术流派中的波洛克油画泼洒风格有异曲同工之妙。需要指出的是，流釉这种表现样式的三彩陶器在唐太宗以前并不存在，而在唐玄宗之后逐渐减少直至消失，其兴盛时期仅限于盛唐。

唐三彩是釉彩装饰与胎体装饰完美结合的产物，其产生具有历史必然性。首先，唐三彩丰满圆润的造型特征和强烈的色彩冲击，反映了当时社会的政治、经济、文化、风俗习惯及文化交流融合的时代特征。唐朝国力强盛，陶瓷业空前发展，为唐三彩的诞生创造了有利条件。其次，唐朝厚葬之风的盛行使得唐三彩作为一种明器被广泛烧制。表现对象的生活化描绘正是对中国古代"事死如事生"丧葬观念的忠实反映。最后，唐朝各领域的繁荣发展为陶瓷业的创新提供了肥沃的土壤。唐朝开放的文化氛围为唐三彩提供了丰富的表现内容，如胡人、骆驼、胡乐、杂技、胡舞等，这些都是以往任何时代作品中所罕见的。总的来说，唐三彩的美是华丽而浓艳的，它体现了唐朝艺术发展史上敢于运用颜色的特点。唐朝的色彩美学直接影响了中华文化的民间色彩审美特征，使得唐三彩成为中国陶瓷艺术史上一道亮丽的风景线。

●宋元

进入宋朝，瓷器艺术迎来了真正的百花齐放时期，青瓷的设计与釉色烧制工艺达到了艺术的高峰。此时的釉色色系丰富而细腻，同时器物造型创新层出不穷，既美观又雅致，实现了实用与美观的完美融合。最为人称道的莫过于"五大名窑"，分别是汝窑、官窑、哥窑、钧窑和定窑。其中，汝、官、哥、钧四窑均属于青瓷系，而定窑主要烧制白瓷。值得一提的是，尽管钧窑颜色与典型的青瓷相去甚远，但仍被归类于青瓷系。

宋朝瓷器工艺的精湛和多样化体现在这些名窑的创作中，在日常瓷器生产中得到了广泛应用。宋真宗赵恒在位期间共有5个年号，分别是咸平、景德、大中祥符、天禧和乾兴，其中，"景德"这个年号与瓷器有着特殊的缘分，宋真宗赐名一个原本叫作"昌南镇"的地方为"景德镇"，这个地方因烧制青白瓷而著称，后来逐渐发展成为中国乃至世界的制瓷中心。景德镇不仅代表了宋朝瓷器工艺的高峰，而且标志着中国瓷器制作逐渐走向成熟和繁荣。后世的瓷器制作在继承宋朝传统的基础上不断创新和发展，中国的瓷器文化在世界范围内享有盛誉。

宋朝的青瓷与唐朝的三彩陶器的华丽多彩形成鲜明对比，追求一种沉静含蓄之美。这种转变在很大程度上归功于宋徽宗的影响，他推动了宋朝三个名窑的开辟，并对天青色有着审美偏好。这种偏好在宋朝艺术中随处可见，如王希孟在《千里江山图》中的着色，展现了雨过天青、千峰翠色的美丽。宋朝对单色釉瓷器的执迷，使中国的瓷器审美文化在一定程度上形成了精致而封闭的生态。相对于其他文化圈，单釉色可能显得有些孤傲，缺乏生活气息；对没有经历瓷器发明过程的其他民族而言，釉色的微妙变化所带来的体验并不那么明显，他们更偏好带有图案装饰的瓷器。青花瓷是大家所熟知的一类带有青花图案的瓷器，它创作于少数民族掌权的元朝。

蒙古人生活在辽阔的草原上，蓝天白云是他们日常生活中最常见的景色，因此他们更偏爱自然的颜色。中亚、中东地区干旱少雨，水是珍贵的资源，因此这一地区的人们同样偏爱象征纯洁无瑕的白色和象征天空与水的蓝色。在元朝时期，大量的中东商人携带钴蓝颜料来到中国，他们不仅主导了海外的瓷器贸易，而且直接参与了青花瓷的设计与制造过程。正因如此，现今全球收藏元青花瓷器最多的国家并非中国，而是伊朗和土耳其。蒙古人制作的青花瓷器充分展现了他们豪放的个性。这些瓷器通常体积大，纹饰密集，不同题材的纹饰常常布满整个瓷器表面。装饰图案既包括传统的中国绘画元素，如梅兰松菊、龙凤花鸟等，同时融入了许多源自古埃及、古希腊和西亚文化的元素，如葡萄藤、蔓草纹等。这些不同纹饰以双线进行划分，形成了独特的艺术风格。青花瓷在元朝盛行，是技术探索、国际贸易网络及多元文化审美共同作用的结果。

元朝瓷器的装饰风格与汉文化所追求的清新淡雅和精致小巧存在显著差异。因此，青花瓷在初期并未受到广泛欢迎，到了明清时期，青花瓷才开始逐渐流行起来。清朝官窑将青花工艺的精致感发挥到了极致，同时在装饰形式上逐渐趋于程式化。青花瓷的魅力在于其融合了多元文化题材，产生了众多符合不同地区和民族审美风格的图案，成为极受欢迎的瓷器之一，这种多样性使得欧洲和中东的贵族对其产生了浓厚的兴趣，有时甚至会用贵金属架来装饰它们，荷兰的代尔夫特蓝陶就是在这种背景下诞生的。虽然青花瓷不再拥有昔日的辉煌，但是它没有过时。在世界各地的瓷器展柜里，我们仍然可以看到青花瓷器的身影。此外，青花瓷进一步衍生出的彩绘瓷丰富了瓷器的表现力，使得瓷器文化在全球范围内得以生根开花，青花瓷是少数能够行销世界各地并受到各国人民喜爱的瓷器品种。

景德镇成为中国真正意义上的瓷都，其代表着整个国家的制瓷工艺发展水平。元朝时期，景德镇在继承青白瓷的基础上，成功烧制出了卵白釉瓷，其白度可与鹅蛋相媲美，晶莹圆润，展现了瓷器工艺的精湛水平。在景德镇，工匠不仅烧制蓝色的青花瓷器，而且成功创制了红瓷器，并在此基础上进一步将红蓝两色巧妙搭配，创造出青花釉里红这一独特品种。青花的呈色剂为氧化钴，这种呈色剂具有稳定的特性；釉里红的呈色剂是氧化铜，它易挥发，因此对窑室的烧成气氛有着很高的要求。景德镇的工匠将青花和釉里红这两种工艺巧妙地结合在一起，应用于同一件器物上，展现了他们高超的技艺。此外，还有一类被称为"反青花"的瓷器。这类瓷器实际上是青花瓷器的一种变体，其中的空白部分被涂成了蓝色，而纹饰部分主要为白色。这种效果是通过运用"分水"工艺实现的。例如，霁蓝釉白龙纹梅瓶就是现存最大、最完整的元朝白龙纹梅瓶之一，它属于稀世珍品，充分展示了元朝瓷器工艺的卓越成就。

●明清

到了明朝，作为瓷都的景德镇并未停下脚步，仍在对制瓷工艺进行不断的创新和提升。随着技术的进一步发展，景德镇成功烧制出色彩丰富的瓷器，这一时期的瓷器主要分为四大类：釉下彩、釉上彩、斗彩和颜色釉。其中，釉下彩是指在釉层下面绘制图案，青花瓷和釉里红便是典型的釉下彩工艺瓷器。釉上彩是指在烧成的瓷器釉面上进行彩绘，经过低温烧成，色彩丰富且不易脱落。斗彩是釉下彩与釉上彩的完美结合，成化年间的斗彩鸡缸杯便是斗彩瓷器的代表。颜色釉瓷器以不同金属氧化物为着色剂，在瓷器釉层中呈现出斑斓的色彩。霁青、霁红、甜白等釉色脱颖而出，被誉为"三大上品"。这些釉色名称颇具文艺气息，是古代工匠对瓷器工艺的完美掌握和独特审美的体现。

清朝的瓷器艺术价值高，尤其是康雍乾三朝的瓷器。这一时期，制瓷技术继续发展，霁青、霁红、甜白等极品釉彩的烧制技艺达到了巅峰。康熙皇帝对西洋文化的热爱推动了瓷器工艺的创新，他引进了西画技法和颜料，从而诞生了珐琅彩、粉彩等新品种。五彩、粉彩、珐琅彩这些新品种瓷器样式丰富，远超历朝历代的水平。

三 // 玻璃的出现与发展

首先，我们来回答一个问题：中国古代有玻璃吗？答案是肯定的。近年来，战国、秦汉时期的墓葬中都出土了玻璃制品。据考证，玻璃工艺起源于公元前3000年左右的古埃及，大约公元前5世纪中国也有了自己的玻璃工艺。然而，尽管中国古代有玻璃制品，但是在历史上似乎并没有太多玻璃制品流传下来。相反，中国的陶瓷和玉器大量流传至今。其中一个重要的原因是，中国古代的瓷器制造水平十分高，相比之下，玻璃器皿存在诸多劣势。例如，玻璃的导热性较高，喝热茶时会烫手，而瓷器更适用。此外，瓷器表面可以绘制精美的釉彩，而玻璃制品的表面装饰相对单调。因此，在中国古代，玻璃制品并没有被广泛应用，往往只被视为小玩意儿，用途有限，人们的兴趣主要集中在瓷器上，精美的瓷器不仅高档、漂亮，而且实用。

然而，随着时间的推移，人们逐渐发现玻璃的用途远不止于杯杯盏盏，它有着更大的应用空间，在科技、建筑、艺术等领域都有广泛的应用价值。西方玻璃产业的发展得益于多种因素，其中一个重要因素便是高岭土资源的缺乏。从古罗马时代开始，欧洲人主要生产玻璃。欧洲人的主要饮料是葡萄酒和啤酒，这些饮料与玻璃杯非常相配，进一步推动了玻璃产业的发展。

由于欧洲人长期专注于玻璃生产，他们逐渐在玻璃技术上取得了突破。最初，玻璃由于含有杂质而呈现不透明和发绿的颜色，通过长期的经验积累，到12、13世纪，欧洲人陆续实现了技术上的重大进步，成功生产出了透明的玻璃和平板玻璃。这一进步带来了巨大的变革，玻璃的广泛应用对后续发展产生了深远的影响。从此，玻璃产业在西方蓬勃发展，并逐渐在全球范围内扩散，这也给西方的科技、建筑、艺术等领域带来了更多的可能性和创新机会。

（一）玻璃与科技

在近几百年的历史中，两个尤为重要的转折点无疑是文艺复兴和科学革命。这两个时期为后来人类文明的进步和发展奠定了坚实的基础。文艺复兴时期，人们开始重新审视古典文化，追求文化、科学与艺术的融合，促进了人文主义思想的萌发；科学革命标志着人类开始以更理性的方式探索自然世界，推动了科学方法和实验精神的发展。虽然我们不能直接断言玻璃是文艺复兴和科学革命出现的原因，但是玻璃在这两个时期中所起的关键作用不容忽视。历史学家们对人类社会影响最大的20个科学实验进行了深入的分析，令人惊讶的是，其中16个实验都涉及玻璃。这充分说明了玻璃在科学实验中的重要地位。例如，牛顿对光进行分析，通过三棱镜透射发现了光的色散现象，奠定了光学领域的发展基础；巴斯德在研究微生物时，使用了玻璃制成的显微镜，从而发现了细菌的存在，给医学领域带来了革命性的突破；汤姆森在探索电子的过程中，依赖玻璃制成的真空管和电场设备。这些例子都表明了玻璃在科学实验中的不可或缺性，它不仅为科学家们提供了精确的实验工具，而且推动了科学方法的创新和发展。可以说，没有玻璃，许多重要的科学发现可能无法实现。玻璃作为一种透明的材料，为人类提供了观察世界的新视角，使得科学家们能够更深入地研究自然现象，发现新的规律和原理。

当然，我们不能简单地将玻璃视为文艺复兴和科学革命的唯一成因。历史的进程是由众多因素共同推动的，玻璃只是其中之一。不过，我们不应忽视它在人类历史中的重要作用。为了更深入地理解玻璃的重要性，我们需要发挥想象力，尝试想象一个没有玻璃的世界，从而更深刻地理解玻璃对人类文明发展的深远影响。在那个没有玻璃的世界里，没有电视，没有智能手机，没有电脑，人们只能通过并不清晰的铜镜看自己……在现在这个充满玻璃的世界里，我们享受着它带来的便利和美好。事实上，很多科学实验室都充斥着各种玻璃制品，如烧瓶、烧杯等，很难想象一个没有玻璃的实验室会是什么样子的。这些都是玻璃在技术性环节中的应用，但玻璃对人类的影响是在观念层面。

（二）玻璃与艺术

中国的艺术传统中有一种观念叫作"书画同源"，意味着绘画与书法是紧密相连的。根据这一传统，一幅优秀的国画作品应当实现"诗书画一体"。仅擅长绘画，而不会写诗或书法不佳的人，只能被称为画匠，而非真正的画家。在这种传统下，绘画被视为一种符号的堆积，旨在表达画家的某种情怀，而非对真实世界的直接反映。然而，反映真实世界其实是一项颇具挑战性的任务，这不仅是因为人们很难凭空掌握在平面上表现立体世界的各种复杂技巧，而且是因为真实世界本身具有多样性和复杂性。那么，欧洲人是如何解决这一难题的呢？

最初，欧洲人也面临着与中国人相似的挑战，但随着时间的推移，他们借助镜子、透明玻璃等工具逐渐掌握了这些技巧。镜子为他们提供了直接观察真实世界的机会，而透明玻璃使他们能够在平面上更准确地表现立体世界的细节和光影变化。这些工具的引入对欧洲绘画艺术的发展产生了深远的影响，也为后来的艺术家提供了更多的创作灵感。这些工具不仅提高了他们的绘画水平，而且给他们的艺术创作带来了更多的可能性。

文艺复兴时期的意大利画家经常利用镜子来辅助绘画，他们会让镜子反射要画的人物，然后依据镜子中的形象进行绘画。这种方法帮助画家实现了从三维到二维的转化，他们只需要一笔一画地将镜子中的景象复制到画布上。另一种常用的方法是，在模特和画家之间放置一块透明玻璃，画家直接在玻璃上描绘轮廓并填充颜色，之后根据玻璃上的图案在画布上进行绘画。这种方法使得画家能够更精确地捕捉模特的形态和细节，提高了绘画的写实性。相比之下，中国的文人画虽然达到了很高的美学境界，但是在写实和反映真实世界方面，由于缺乏类似玻璃这样的工具，很难取得实质性的进步。随着西方玻璃技术的进一步发展，眼镜、望远镜、显微镜等一系列工具不断涌现，这些工具扩展了人的视觉范围，无论是在宏观领域还是在微观领域，都使得人们能够更深入地观察和理解世界。这也进一步证明了玻璃在绘画和视觉艺术领域的重要作用。

视觉范围的扩展是一项革命性的进步，它涉及人类最重要的感觉——视觉。据估计，人类接收的信息中高达 90% 的信息是通过视觉获得的，玻璃使视觉能力得到显著提升，它对西方人观察世界的方式产生了深远的影响。在世界的许多地方，人们主要依赖经典、反复注释的圣人、祖先和神仙的话语来理解世界。然而，在欧洲，玻璃技术的迅速发展改变了这一状况。人们开始通过观察和实验来认识世界，而不是仅仅依赖书本和权威人士的观点。玻璃的作用在于将权威从话语、书本和大人物的思考转移到外在的证据上。这些证据是可以通过玻璃制品观察到的，这使得人们能够更直接地了解事物的本质。因此，随着玻璃的出现，实验法逐渐成为科学研究的核心方法，这也是科学革命得以发生的重要原因之一。

（三）玻璃与人文主义

玻璃不仅让人们更深入地观察了世界，而且增强了无数人的信心。他们开始相信，这个世界是可以通过观察、理解和研究来不断探索和理解的。这种信念为科学研究和探索开辟了新的道路，也为人类社会的进步奠定了基础。在玻璃技术发达的欧洲，人们面对镜子中的形象，开始以全新的眼光审视自我，将自己从周围世界中分离出来。这一过程对个体的心理产生了深远的影响，成为个人主义观念形成的重要推动力。值得注意的是，13—16 世纪既是玻璃技术取得重大进展的时期，也是欧洲个人主义观念蓬勃发展的时期。玻璃技术的发展为人们提供了审视自我的新方式，从而推动了个人主义观念的兴起。

当然，我们并不是说中西方近代发展的差异主要是由于玻璃技术的影响，玻璃只是众多条件之一，它与其他因素共同作用，推动了欧洲个人主义观念的形成和发展。然而，玻璃技术在这一过程中所起的作用不容忽视，它为人们提供了观察自我、理解自我的新视角，对个人主义观念的形成具有重要意义。

这给我们提供了两个重要的启示。首先，它提醒我们，没有东西是完全无用的，只是我们暂时没有发现它的用处而已。根据当前的知识水平和实用目标来评判事物时，我们可能会错过其真正的价值。面对这种情况，我们应该保持宽容的态度，允许多元化的存在，并多做建设性的尝试，而不是轻易否定。其次，我们获取一种优势的同时，或许正在失去一些更重要的东西。例如，当我们依靠瓷器技术赚取了西方人的大量钱财时，我们错过了一个具有神奇潜力的小玩意儿——玻璃。因此，我们应该时刻保持警惕和反思，不仅要看到事物的表面优势，而且要深入探究其可能存在的劣势和潜在问题。只有这样，我们才能更好地把握机会，避免错过重要的发展和进步。

第十三章

长安十二时辰

　　2019 年，一部改编自作家马伯庸长篇小说《长安十二时辰》的古装悬疑电视剧在各大平台热播，作品以紧张的剧情、细腻的人物刻画、隐秘的权谋斗争、浓烈的画面色彩、胶片的视觉质感，引起了一波追剧热潮。有人关注剧中演员的演技，为自己的偶像所塑造的鲜活人物加油；有人关注扑朔迷离的剧情，从一个冲突到另一个冲突，环环相扣；有人关注精美的镜头语言，那些一镜到底的镜头让人直呼过瘾；有人关注剧中的美食，说它是舌尖上的十二时辰……这部电视剧只有一个主角，它的名字叫长安。

　　《哈佛中国史》第三卷《世界性的帝国：唐朝》写道："两个关键因素使得大唐帝国能够保持活力：折中主义和世界主义。"正是因为唐朝的包容姿态，才有了繁盛的大唐长安，长安是一个梦幻之地，张开双臂接纳四海宾朋，无数人为长安自豪、着迷。《长安十二时辰》的故事发生在盛唐时期的长安，初看到作品名字时，一直在想作者将以何种形式展开故事。阅读之后从书中体会到了不一样的"长安城"景象，整部电视剧为我们还原了一个既熟悉又陌生的唐都城市画卷。《长安十二时辰》原著作者马伯庸，是一位"80 后"作家，其创作题材包含历史、悬疑、谍战等，有着很好的想象力、感受力、人文素质和知识面，在本书中将他对唐朝历史和长安城的了解展现得淋漓尽致，仿佛作者到过唐都的每一条街巷、熟悉城市的每一个角落。

长安城是在隋朝都城的基础上建设的，隋称大兴城，隋文帝杨坚曾被封为"大兴公"，因此得名。隋文帝杨坚在公元581年夺取北周政权，建立了隋朝。杨坚登基时，他的办公地和住所仍在汉朝长安的旧城内。常年的战乱、年久失修和水源破坏，使得汉长安城已不适合作为都城。于是，隋文帝在建立隋朝的次年便决定新建都城，并希望借新国都的建设展示王朝新象。至开皇三年三月，由宇文恺主持规划和修造的宫城和皇城基本建设完成，隋文帝于当年六月迁入新都。到了大业九年（公元613年），城市的总体格局基本形成。其城市基址大部分与现今的西安市区相重叠。

公元618年，唐高祖李渊建立唐朝，在大兴城建都，并将其更名为"长安"，故大兴城这个称呼现在鲜有提及。唐朝完成统一全国的大业后，政权日渐稳固，国力蒸蒸日上，加之长安城南高北低的地形特点，地势较低的太极宫夏天暑热难耐，于是唐太宗于贞观八年（公元634年）开始在城北的龙首原上修建大明宫，之后继任的唐高宗李治将大明宫建设完成。此后，唐朝多位皇帝在大明宫处理朝政。开元二年（公元714年），唐玄宗将他的原居住地隆庆坊改建为兴庆宫，用作处理政事及休闲的场所，其宠妃杨玉环也长期居住于此。

隋唐时期的长安城面积达到了87平方千米，是汉朝长安城面积的2.5倍，明清北京古城的1.4倍。隋唐时期，长安城人口众多，特别是唐朝时期城内聚集了来自中原各地的达官显宦、来自西域各国的商人，人口最多时超过了100万，长安城成为中国历史上最宏伟壮观的都城之一。

隋唐长安在城市规划上呈现出四方结构、中轴对称的中国传统城市规划形式。宫城、皇城和外郭城三部分构成了城市主体。宫城作为核心权力区域，在不同时期有所变化，长安的宫城有3个：城北正中的太极宫、城北龙首原上的大明宫和城北的兴庆宫。电视剧《长安十二时辰》中的故事发生在天宝年间，正是唐玄宗李隆基在位期间，在这一时期兴庆宫是王朝的权力中枢。值得一提的是，唐玄宗于公元742年将国号"开元"改为"天宝"，并于天宝三年改"年"为"载"，电视剧中的故事正是发生在这一年，也就是公元744年的上元节这一天。皇城位于太极宫以南、朱雀门以北的区域，这里是唐朝的中央办公场所，唐朝实行三省六部制，因此这里是中书省、门下省、尚书省三省，以及吏部、户部、礼部、兵部、刑部、工部六部机构的办公场所。每天这里都要处理各类政事，各种政令从这里发出，并传达到全国各地，来自外邦的使臣也在此寻找能够与强盛的唐朝建立联系、通商往来的机会。外郭城分为居民区和贸易区。居民区称为"坊"，外郭城被东西 14 条、南北 11 条街道划分为 108 个方形区域，整体呈"凹"字形，围绕着城北正中的皇城和宫城。每个坊都有独特的名字，这些坊名中的一部分至今仍有留存，如现在西安小东门的永兴坊、何家村的兴化坊等。从具体分布来看，长安城的人口分布并不均衡，南城人口稀疏，而北城人口稠密，当然，城北中心的皇城和宫城作为国家权力中枢，是不允许普通人靠近的。在唐朝，所有的贸易活动都被严格限制在"市"中进行，并且"市"的运营受到政府的严密监管，它与用于居住的"坊"分隔开来。长安城拥有东、西两市，各占据两坊的面积。市中的交易在日中时分开始，日落时分结束。其中，西市的丝路贸易尤为繁荣，众多商贾选择在西市及其周边居住。因此，当西市开市时，门外总是聚集着大批等待交易的商贾。

长安不是一天建成的。在中国古代，城市是随着自然经济形态的发展和人口的聚集逐渐出现并快速发展起来的，是一个国家或地区的政治、军事、经济、文化和贸易中心。中国传统城市的规划主要强调功能，按照需求城市一般由统治机构、手工业和商业区、居民区三部分构成。古代城市规划的发展主要经历了四个时期。

一 ∥ 初创期

原始社会晚期，随着私有制的出现，氏族之间的战争加剧，氏族首领为了保护自己和本氏族的财产、防范其他氏族入侵，开始筑墙建城。现存于湖南澧县车溪乡的城头山遗址始建于公元前 4000 年左右，是我国目前发现最早的古城遗址。河南偃师二里头的大规模宫殿、作坊和居住区遗址，被普遍认为是夏朝的都城斟鄩。河南郑州商城、河南偃师商城、湖北盘龙商城和河南安阳殷墟是目前发现的几处商朝都城遗址，在这些遗址中城市形成初期的规划特征逐渐显现，供后来的造城者借鉴，城市规划知识得以积累。

河南安阳殷墟是中国迄今为止第一个有文献可考、考古遗址和甲骨文记载内容相互印证的古都城遗址，对了解初创时期中国城市规划特征有着重要的意义。殷墟以安阳小屯村为中心，遗址总面积约 30 平方千米，包含殷墟王陵遗址、殷墟宫殿宗庙遗址、洹北商城遗址等。洹北商城遗址为商朝国都所在地，位于整个殷墟保护区的东北部，其西南为传统意义上的殷墟遗址——王陵遗址，二者在空间上略有重叠。洹北商城遗址有较完整的城墙地基、道路，以及大量夯土建筑遗址、半地穴及地穴等，城市四周有夯土夯筑的城墙基槽，这座城址整体格局基本为方形，南北长 2.2 千米，东西宽 2.15 千米，总面积约 4.7 平方千米。

宫殿区是洹北商城的主体部分，位于城址南北中轴线南段，显示出我国城市布局的早期特征。城址北部（宫殿区以北）近 2 平方千米的范围内，分布着密集的居民点，有大量房址、墓葬、灰坑等，作为生活水源的水井密布其间。宫殿区内现已发现大型夯土基址 30 余处，其中规模最大的一处基址总面积达 1.6 万平方米左右，即著名的一号宫殿基址，该基址是迄今发现的面积最大的商朝单体建筑基址。一号宫殿位于宫殿区东南，南北中轴线南段，东西长 173 米，南北宽约 90 米，面积达 1.6 万平方米左右。整个基址的建筑物部分由门塾（包括两个门道）、主殿、主殿两旁的廊庑、西配殿、门塾两旁的长廊组成，预计尚未发掘的基址东部还应有东配殿。廊庑和门塾位于宫殿南部。门塾居中，两侧是廊庑，两条宽约 4 米的门道穿过门塾，直达宫殿的庭院。庭院南北宽 68 米，东西长 140 余米，是帝王召集大臣的地方。这座宫殿建筑遵循对称式的布局，结构严谨，所使用的建筑材料加工程度较普通住宅高，如精细加工的夯土、多种规格的土坯、精心加工的方形廊柱和圆形廊柱等，还有大量用草和泥混合制成的土坯——墼，这种类似早期砖的建筑材料也是首次被发现。整座宫殿建筑基址形制阔大、布局严整，按照中国古代宫殿建筑"前朝后寝，左祖右社"的格局依次排列。

洹北商城遗址等一系列夏、商时期的遗址表明，这一时期的城市规划还处于初创期，作为城市核心的宫殿区布局规整，建筑面积宏大，居民区建筑布局相对杂乱，且建筑形制粗陋，住宅区与墓地没有明显的界线。因年代久远，城市交通的规划方式无法确知。作为权力中心的宫殿区位于城市的中心位置，宗庙和用于祭祀等的礼制建筑已经成形，并与宫殿建筑一起形成建筑群落，这一规划方式影响深远。

二 // 形成期

随着生产力的发展和生产关系的调整，春秋战国时期迎来了城市规划建设发展的第一波高潮。东周中央集权衰弱，失去了对整个国家的控制力，各方诸侯纷纷变法图强，各国的都城建设兴盛，已经发现的这一时期诸侯都城有鲁国都城（山东曲阜）、齐国都城（山东临淄）、郑国都城（河南新郑）、秦国都城（陕西咸阳）等。大量都城的营建推动了城市规划的发展，并逐渐形成体系。

　　成书于战国时期的《周礼·考工记》，其"匠人营国"篇初步向我们展示了那一时期城市规划建设的思想和格局："匠人营国，方九里，旁三门。国中九经九纬，经涂九轨。左祖右社，面朝后市，市朝一夫。"这段话的意思是建筑师规划都城时需要按照一定的礼法制度进行，城市平面呈正方形布局，每一边长度为九里。每面城墙上设三个城门，中间设正门，两侧也各设一个城门。城市内部布局规整，有九纵九横共计十八条宽阔的大街道。这些街道需要同时容纳九辆马车并行，按照秦朝"车同轨"的轨距规范，街道的宽度应不小于五十四尺。王宫是整个城市的核心，居于中心位置，其左侧（东面）是宗庙，右侧（西面）是社稷坛，这类礼制建筑在商、周城市发展的基础上形成制度，并在后世得以遵循。王宫的前方是群臣朝拜、办公的场所，后方则是市场。整个城市的其他区域是经由城市道路分割而成的若干方形，满足居住、手工业等需求。这样的城市布局形式既体现了都城的庄重感与秩序感，又满足了城市居民的生活需求，是中国早期城市规划思想的集中体现，具有一定的科学性，符合当时社会发展的需求。

　　《周礼·考工记》是我国古代城市规划的记录和总结，是现存最早的城市建筑与规划史料之一。其反映的理想化的规划思想，是在夏、商、周三朝都城规划的基本思想和实践经验的基础上形成的，对后来中国古代城市的建设产生了深远影响，许多政治性城市，如唐朝的长安城，都遵循了《周礼·考工记》的相关规划思想。这一城市规划思想的形成带有强烈的礼教思想，在城内结构上，王室居中，彰显了王权的至高无上。左为祖庙，右为社稷坛，符合天人合一、君权神授的理念。外朝位于官城之南，而官城之北为商业区，功能分区明确，且体现便利性要求，当然这样的便利性是服务于王权的。都城的规划形制为正方形，每侧城垣设三门，体现了庄重感与秩序感。以城门为起点，街道布局以直线形式形成网状结构。城内南北向有三条干道，东西向亦有三条，此外，还有环城干道和郊外道路，共同构成棋盘式的交通道路网络。《周礼·考工记》中的规划内容体现了古代城市规划的精髓，对中国古代城市的建设产生了深远影响，在封建王朝的发展过程中得到了贯彻和认同，并成为古代中国城市规划核心理念。尽管在各个历史时期，新的城市设计理念不断涌现，但是都城规划的核心理念仍未脱离上古及夏商周时期所形成的思想精髓。

三 // 成熟期

国家社会经济的发展促成了城市规模的扩大，城市人口逐渐增多，城市内部管理越来越重要且日渐复杂，汉朝的城市最早设置"里"作为城市管理的基层单位，这一管理制度的形成标志着中国古代里坊制的开始。"匠人营国"中经由城市规划而形成的道路网格将城市划分为若干个封闭的"里"，作为集中居住区，到了北魏时期"里"更名为"坊"。城市中的商业、手工业也被限制在一些定时开放的"市"中。坊、市都以高墙环绕，设置固定的出入口，并由吏卒和市令管理。市门一般不朝向主要街道，只有特殊的贵族、高官、寺庙等经中央允许后才可以面朝大街开门。为了保障城市的治安，实行宵禁。隋唐长安城正是里坊制布局达到高峰时期的代表，经过了隋唐两朝帝王长达70多年的努力才最终完成。在城市管理者、设计师、建筑师的共同努力下，这座壮丽的国都逐渐崛起，成为东方文明的代表。它布局严谨、结构对称、排列整齐，规模空前，其城市建设、建筑技术与艺术都达到了很高的水平。这座都城被认为是当时世界上规模最宏伟、规划最完善的大都市之一，成为中国古代都城的典范。它对邻国，尤其是日本、朝鲜的都城规划设计产生了较大影响，是中国都城建设史上的重要里程碑。

（一）宫城与皇城

隋唐长安城作为中国古代城市规划的杰作，其总体布局深受《周礼·考工记》的影响。在规划中，"择中立宫"成为核心思想，与中国传统文化观念相契合。整个城市以朱雀大街为南北中轴线，朱雀大街贯穿城市中心。皇城南部太庙和社稷坛左右分列，东西相对，符合"左祖右社"的传统制度。外郭城的东、西、南三面各设置三座城门，符合"旁三门"的规定，形成了九经九纬的格局。

隋唐长安城呈现出东西略长、南北略窄的长方形，整体布局规整。宫城位于城市北部正中，是皇帝和皇族的居住地。宫城分为太极宫（隋朝时称"大兴宫"）、东宫和掖庭宫三部分。随着唐朝社会的发展，大明宫和兴庆宫两处宫殿建筑群在城内出现，与太极宫合称为"三大内"。皇城位于宫城以南，与宫城之间隔着一条东西向的横街。它是中央政府机构的所在地，是整个国家的行政中心，设有五门，其中南面正中的朱雀门是正门。朱雀门与外郭城的明德门相通，与宫城的承天门相对，共同构成了全城的南北中轴线。

在隋唐长安城中，除宫城和皇城外，礼制建筑也占据了重要的地位。皇城东南角设太庙，西南角立太社，这正是"左祖右社"的布局，体现了对传统礼制的遵循。这些建筑基本是按照《周礼·考工记》等儒家经典进行规划的，形成了完整的都城祭祀系统。城内外设置了圜丘、方丘、五郊坛、朝日坛、夕月坛、先农坛、先蚕坛、孔子庙、周公庙等礼制建筑。

在城市规划方面，隋唐长安城总结了曹魏邺城、北魏洛阳城等城市规划与建设经验，并在此基础上进行了创新。它采取了中轴对称的布局形式，以南北轴线为核心，将宫城和皇城置于全城的主要位置。同时，以纵横交错的棋盘式道路将城市分为若干个里坊和集中的市场，分区明确，街道整齐。这在解决城市的供水与排水问题的同时，考虑了城市的绿化，使得城市既有良好的生态环境，又有很高的规划水平。隋唐长安城经过不断的修整和完善，成为一座宏伟壮观的城市。宫殿楼阁高大，里坊规划整齐，城郭坊墙坚固，道路四通八达。这座城市不仅成为唐朝的政治、经济、文化中心，而且借助"丝绸之路"一跃成为国际商贸大都会。

（二）坊市制度

●坊

盛唐时期的长安城，城内常住人口达百万，是中国的政治、经济、文化中心，也是同时期世界规模最大、最繁华的国际大都市之一。长安接待过 300 多个国家和地区的人，开元盛世时期，长期居住在长安的外国商人、使者总人数超过 3 万。同时期的拜占庭帝国首都君士坦丁堡只有长安城的七分之一，而西方历史上著名的古罗马城也只有长安城的五分之一。因此，长安城被形容为当时的"世界第一城"。

为了强化规模庞大的长安城的管理，唐朝政府采用了"以小化大"的方式。在城市管理机构建制上，采用了与在辖区内分割多个行政单位相似的方式。整座城市的管理机构叫作京兆府，可以说就是当时的长安市政府，其下以朱雀大街为界，将长安城分成两个县，西边的叫作长安县，东边的叫作万年县，类似于现在的市辖区。每个县所管理的人数依然众多，城市人口组成复杂，行政管理能力有限，管理难度依旧很大。于是，唐朝的统治者借助"匠人营国"的城市规划理念，通过纵横交错的街道将整个城市划分为棋盘式。依此，庞大的城市被划分为 108 个方格状的坊，长安里的每个坊都有明确的边界和名称，大约相当于现代城市中的街道办——跟乡、镇并列，便于管理的同时，使得城市规划更有序。另外，除了棋盘式的布局，唐朝统治者还配套了一系列城市管理制度，包括延续并发展南北朝时期形成的城市管理经验，如以坊为基本城市管理单位的管理制度"里坊制"；设立专门的机构对城市的治安、卫生、商业等方面的事务进行管理；对市民进行户籍造册管理等。一系列措施确保了庞大城市的有序运行，使长安成为一个结构严谨、管理有序的城市，其中最具特色的就是里坊制。

根据史料，隋大兴城南北向中轴线以西有 55 坊，以东有 54 坊，总计 109 坊，初唐时期，这一总体布局保持不变。唐玄宗即位后，将自己潜邸所在的兴庆坊（隋时称隆庆坊）改建为兴庆宫，形成了一个新的宫殿区，这样 109 坊就变为 108 坊。兴庆宫建成之后，长安城东北部的格局随之调整，隋朝的翊善、永昌两坊被扩展为四坊，即翊善、永昌、光宅和来庭。这样一来，长安城的坊数反而增加了，变成 110 坊。从这些里坊的调整和分合可以看出，长安城的坊数从 109 坊到 108 坊，再到 110 坊，都在正常的误差范围内。在长安城中，坊被视为一个独立的小城，四周由土墙围起，并设有坊门。这些坊门通常在日出时开启，日落时关闭，这些在《长安十二时辰》中都有明确的表现。

长安城同现在的大都市一样，存在各区域发展不平衡的问题。城市的东北部靠近宫城和皇城，居住的大多是权贵、官员等，是官僚宅第最密集的区域，最靠近皇城的入苑坊和胜业坊王府云集。天宝年间，入苑坊居住着唐玄宗的十六位皇子，因此这里被称为十六王宅。公主的宅第主要集中在崇仁坊，如东阳公主宅、长宁公主宅等。翊善坊和来庭坊居住着有权有势的宦官，如高力士等。

城市的西北部同样靠近皇城，由于有西市的存在，这里的贸易十分繁盛，是商人、富户的聚集地，来自全国各地的富商，特别是与域外各国有着众多往来的客商多在此居住。来自中亚、南亚、东南亚等地的商人都选择在西市附近的里坊居住，因此，有人戏称这里是"富人云集之地"。城市东西两侧居住者的不同，使得城市逐渐形成了"东贵西富"的局面。

由于皇宫位于城北，为了靠近权力中心，王公贵族、富家大户大多住在宫城和皇城周边的坊内，这一地区主要位于城市东西向中轴线的北侧，而偏向城市南部的坊则多为百姓居住，人口分布存在"北部密集，南部稀疏"的特点。北宋时期的地理学家、史学家宋敏求在其著作《长安志》中称："自朱雀门南第六横街以南，率无居人第宅。"其大意是说，长安城朱雀大街以南的第六横街以南的三列里坊，有大量的宅邸空置，人口较少。《长安志》还记载："自兴善寺以南四坊，东西尽郭，虽时有居者，烟火不接，耕垦种植，阡陌相连。"位于朱雀门以南第五坊的兴善寺以南的 4 个里坊，人烟稀少，坊内建筑稀疏，能够直接看到东西两侧的城墙，甚至有些土地长期荒芜，被开垦出来种上了庄稼，有点类似于乡村阡陌。由于地理位置偏僻，东南角的部分坊长期没有命名，抛开人口稀少的原因，还跟它的特殊位置有关，这一带水系纵横，处于曲江池芙蓉园边上，可能为园林的配套空间。

长安城内的平康坊位于皇城与东市之间，聚集了众多科举考试及第的人，是长安最知名的坊之一，也是著名的青楼聚集地。《长安十二时辰》电视剧中的昆仑奴葛老、多位名花及当朝宰相林九郎都住在这里。现实中，平康坊的东南角有权臣李林甫的府第，西边有大书法家褚遂良的宅子。平康坊地理位置优越，其东侧为东市，北侧与权贵聚集的崇仁坊仅隔着春明大道，南邻宣阳坊，那里是高官居住的地方，因此，许多达官显宦、风流才子、社会名流等都会聚于此。当时，有十五个办事处设于此处，仅次于与皇城东侧相邻的崇仁坊，这也从侧面印证了平康坊的重要地位。许多诗人都曾在此出入，如贺知章、李白、白居易、岑参、高适、王昌龄等。在这样的环境中，自然有大量的传奇故事发生。被贬为江州司马的白居易创作了《琵琶行》，诗人在浔阳江上听到熟悉的乐曲，乐曲勾起了他对过往生活的回忆，同情琴女身世，于是有了"同是天涯沦落人，相逢何必曾相识"的千古名句。长安城不同里坊各具特色，无论是文化、宗教，还是体育、商业，都展现出盛世长安的繁荣景象。这些特色和丰富的文化共同构建了长安城的辉煌历史，至今仍为人们津津乐道。

● 市

与宋朝之后的城市不同，唐朝长安城的贸易被限定于特定的区域之内，而东市和西市是两个重要的贸易集散地，也是当时最大的贸易市场，来自世界各地的商品在此聚集并销往各地。长安实行定时开放市的制度，"以日午击鼓三百声，而众以会；日入前七刻，击钲三百声，而众以散"（《唐六典》）。东西两市的面积广阔，基本占据了两个坊的空间。在早期，东西两市所售卖的商品有着明显的区别，出入的人群也有区别，于是人们习惯用"买东"或"买西"来表示在这两个市场购买不同类型的货物。随着时间的推移，无论是贵族还是平民，由于需要购买各种不同的商品，都开始在东西两市之间穿梭。因此，购买货物这一行为逐渐被统一称为"买东西"。

东市靠近皇宫及城市东北部的权贵区域，以商品种类众多和整体氛围豪华而闻名，其商品主要来自当时中东部手工业发达之地。《长安志》记载，东市"二百二十行，四面立邸，四方珍奇，皆所积集"，商品琳琅满目，各类奇珍异宝在此聚集。东市周围居住着大量的皇亲国戚，交易对象多为权贵和社会上流人士，交易的商品以奢侈品为主，是购买高档商品的首选之地。

与东市相比，西市有来自世界各地的商品，除了有面向外国客商的大宗商品，还有大量来自异域的商品，呈现出另一种风貌。西市的商品更加平民化和大众化，商品种类繁多、规模巨大，且价格适中，吸引了大量的平民百姓和外国商人。西市固定商铺多达万家，是当时世界上最大的商贸中心，因此也被称为"金市"。此外，西市还汇聚了许多外国商人，有用于大宗商品运输的驼队、服务过往客商的胡姬。

李白的《少年行》中就有对西市的生动描绘："五陵年少金市东，银鞍白马度春风。落花踏尽游何处，笑入胡姬酒肆中。"这首诗展现了长安少年的豪情壮志，表现了西市商品的特色——马具、胡姬、酒肆。西市不仅是商品交易的场所，而且是长安富豪公子和少年游侠们纵情游乐的地方。他们在春风中骑着银鞍白马，意气风发，当他们走进酒馆时，会被那些充满异国风情的胡姬（如吐火罗姑娘或粟特姑娘）吸引，她们往夜光杯中倒上葡萄酒，献上奔放的胡腾舞、胡旋舞或柘枝舞，少年和文人墨客陶醉其中，流连忘返。杜甫的《饮中八仙歌》中有对李白的描述："李白一斗诗百篇，长安市上酒家眠。天子呼来不上船，自称臣是酒中仙。"这里的"长安市上"应该指的就是长安西市，也就是《少年行》中所提到的"金市"。这进一步证明了西市在唐朝长安城中的重要地位，它不仅是商业交易中心，而且是文化、娱乐和社交的重要场所。

（三）望楼

望楼在《长安十二时辰》中被描绘为一种重要的信息传递和监控系统，这与历史记载相符。望楼的历史可以追溯到古代，最初可能是用来观测天象和防范敌人，历史上的烽火台就是望楼最早的雏形。在中国古代，由于通信手段相对落后，人们需要依靠高塔等建筑物来传递信息。到了秦汉时期，烽火台开始转向民用，众多豪强大户纷纷效仿，在家中建起高耸的土楼，称之为"坞堡"。随着时间的推移，到了东汉时期，这种建筑形式已经发展得相当成熟，并在北方地区变得十分普遍。由于坞堡地势高，人们可以居高临下，与其他坞堡形成有利的战略态势，因此在冷兵器时代，它们成为具有显著作战优势的建筑。值得一提的是，部分坞堡还巧妙地设计了地下通道，与其他建筑相互连接，将军事、居住、生产等多种功能融为一体。我国著名的张壁古堡便是这种设计形式的典型代表。随着历史的演进，到了西晋末年，由于衣冠南渡的影响，这种坞堡建筑形式被带到了华南地区，并与当地的建筑风格相结合，形成了新的建筑样式。这些坞堡不仅展现了古代军事防御的智慧，而且体现了人们在建筑技术和艺术上的创新精神。

在电视剧《长安十二时辰》中，人们利用望楼系统传递信息时，常常伴随着鼓声。

据史料记载，击鼓确实是当时长安城传递信息的一种方式。然而，这种方式主要用来提前通知长安城的居民及各个街铺城门、坊门的开闭时间，或者用来确认街铺的平安状态，它并不能胜任复杂、精确的信息传递任务。尽管如此，在当时的社会背景下，击鼓已经是一种非常有效的通信手段了。虽然望楼在《长安十二时辰》中被描绘为一种重要的建筑系统，但是考古人员并未发现望楼遗址。望楼作为高层建筑，其建筑质量较一般民房优越。

（四）朱雀大街

朱雀大街，也被称为"天街"，韩愈在《早春呈水部张十八员外》中描绘的"天街小雨润如酥，草色遥看近却无"中的"天街"正是盛唐时期的朱雀大街，这条街道从长安城宫城的南门——承天门一直延伸到外郭城正南门——明德门，形成了城市的中轴线，与天上的子午线相对应。朱雀大街以其宽广著称，是当时长安城内唯一一条可以进入长安内城的大道。朱雀大街是唐朝长安城中的一条重要街道，是皇帝出巡、军队出征和凯旋时必经的道路。来自世界各地的使臣与商人都必须经过这条大道进入长安城。因此，朱雀大街上留下了无数外国友人的足迹，见证了那个时代万国来朝的盛大景象。朱雀大街上与明德门、朱雀门相呼应的五座桥，后来被称为天子五桥，这可能就是明清时期城市中轴线上设置五桥的开端，代表着最高的礼仪。其长度达 5 316 米，是名副其实的十里长街，宽度在 150 ~ 155 米，考古发现实际宽度大约是 130 米。

（五）曲江池

隋唐长安城拥有完善的水网系统，历史上有"八水绕长安，五渠灌都城"的说法。长安城的水网系统由汾河、渭河及其支流组成，分布在城市的周边，相互交织，不仅给城市内的人提供生活用水，而且为城市排洪、排涝提供了便利，起到了天然排水的作用。在丰水期，主要河流能够提供适合漕运的水量，便于城市物资的运输。在长安城人口相对较少的东南隅，地势变化较大，水网纵横，植被丰富，林木茂盛，有着良好的自然景观，从秦汉时期起逐渐变成人们休闲、游乐的风景区。从隋朝开始，统治者在此处的曲江池附近修建离宫，取名"芙蓉园"，唐朝继续修建、完善，更名为"南苑"。在这一区域，城市的城墙上留有自然的缺口，并没有进行封闭围合，这既是自然优美的城市景观，又是城市自信的体现。到了盛唐，曲江池逐渐开放成为民众游览的乐园，每当科举考试完成后，当届的进士会在曲江一带游览赏花，一些节庆活动和文坛佳话在此上演，曲江地区也成为盛唐文化的荟萃地。

（六）宵禁制度

唐朝长安城独特的里坊设计形式，使得每个坊都是封闭式的围合空间，以坊墙与周围空间相隔，从宏观视角看宛如在大城之中嵌套了众多小城，这样的城市规划形式和当时的宵禁制度密切相关。在唐朝，宵禁是一种城市管理制度。作为国都的长安城，其社会秩序的稳定和城市的安全关系到国家的命运。另外，在那个时代，生产力低下，在夜晚保持照明是非常困难的，需要花费大量的财富，因此大数人保持"日出而作，日落而息"的生活方式，宵禁对普通人的生活影响有限。很早就有宵禁制度，《周礼·秋官司寇》记载了"司寇氏"这一职务，他的主要职责就是根据星象的不同位置来区分夜的早晚，以此告诉夜巡的官吏实行宵禁，同时对宵禁的规定有，禁止晨行，禁止夜行，禁止半夜游荡。《史记·秦始皇本纪》中的"宿卫郎官分五夜谁呵，呵夜行者谁也"是对秦朝宵禁制度的记载，到了唐朝，宵禁制度被列入法典，其执行越来越严格。长安城的宵禁主要由金吾卫负责，他们会在所管辖的地区发布宵禁开始和结束的信号。最初，这一信号是通过人的呼号传达的，即"京城诸街，每至曛暮，遣人传呼以警众"（《旧唐书·马周传》）。然而，到了唐太宗时期，在长安城的对应区域设置鼓，宵禁时击鼓警示行人。此外，位于城门坊脚的武侯铺，夜间由金吾卫驻守，负责执行宵禁并处理可疑情况。根据《唐律疏议》中的"诸宿卫者，兵仗不得远身"，金吾卫在夜间保持高度警惕，不得擅离职守，若未能及时发现盗贼，将受到相应处罚。若值班时盗贼从看管区域经过而未察觉，将被鞭笞五十下；若听到动静却放任不管，则构成故意放纵的罪行。在夜间街道上，除了对违规人员进行处罚，金吾卫还需要对其他工作人员进行检查。在督查过程中，根据《唐律疏议》的规定，相关人员必须佩戴符印，以证明身份。

为了配合宵禁制度的实施，长安城中每个坊门都设有门扉，和城市的各处城门一样由城市分派专职的城门郎掌管。每天傍晚时分，"暮鼓"响起，宵禁开始，坊市大门关闭，居民若无出入证则禁止外出，违者将受到杖刑。五更二点，随着宫内"晓鼓"声起，街鼓依次敲响，坊门开启，居民方可出行。唐朝里坊统一以鼓声为准，由门吏负责启闭。这种作息制度严格限制了长安居民的起居时间。街鼓不仅规范人们的日常起居与出行，如起床、出门、出城、入城、入坊，而且成为唐朝生活的节拍器。

尽管宵禁制度严格，唐朝人的夜生活并非完全没有。严防的是在大街上走动，但坊内活动有一定自由空间。除了东市、西市的大型商业区，每个坊内也有基础配套的食肆和商铺，以保证这座有着百万人口的国际化大都市得以运转。虽然坊内也有巡逻，但是没有坊外那么严格。长安城的108个里坊中，除了北部的太极宫、大明宫，城东的兴庆宫，以及东市、西市外，其他都是相似的居住里坊。其中，个别里坊还具备商业功能，且没有宵禁，成为大唐的繁华之地。

直到唐玄宗时期，才下令每年正月十七、十八、十九可以夜开坊市，以庆祝上元节。这一举措使得长安的人们得以在元宵节期间拥有昼夜相连的三天时间，并在城中自由活动。这对终年受制于宵禁制度的长安人而言，无疑是一次难得的机会。在这一天，金吾弛禁、官民共享、夜游玩乐，唐人将上元节过成了狂欢节。《长安十二时辰》电视剧第一集的开头部分，就展现了皇帝发布诏书取消上元节的宵禁。

尽管唐朝初期的宵禁制度严苛，限制了人们的夜间活动，但是它与坊市制度在时空上的紧密配合，对城市治安维护和秩序统治起到了重要作用。这种制度组合为唐朝初期经济的复苏提供了相对稳定的城市环境，有助于促进经济的恢复和发展。到了唐朝中后期，经济逐渐繁荣并达到顶峰。在商品经济利益的驱使下，坊市制度开始松动，并出现了侵街现象。例如，贞元四年（公元788年）二月，唐德宗颁布诏令，要求对破坏街道坊墙的行为进行处罚，并责令破坏者出钱雇人修补。尽管政府进行了管控，频繁地发布政令，但仍未能阻止侵街现象的增多，沿街叫卖的流动商贩也开始出现，这进一步促进了坊市制度的瓦解。宵禁的放宽和夜市的繁荣不仅调整了城市功能和管理模式，而且标志着市民阶层的壮大和市民文化的兴起。

四 // 开放期

隋唐之后，由于政治中心东移，而汴梁地处中国南北交通要冲，后梁、后晋、后汉、后周四朝都建都于此，赵匡胤发动陈桥兵变，黄袍加身之后，同样在此建都。北宋汴梁城依水而建，呈嵌套式，由外层的罗城、内层的宫城和中间的里城构成。汴梁依托五朝旧城建设，城市规模相对小。城内道路有明显的自然扩张特点，城内水系纵横，除部分主要道路外，大多不直，基本呈网状结构，在大画家张择端的画作《清明上河图》中有着直观的表现。宫城前的南北向道路为御街，是汴梁城最宽阔的街道，中间称御路，专供皇室出行，两侧设御廊，供民众通行。道路两侧设御沟，以石材砌护坡，内植花木。居民主要分布在里城与罗城，城内建筑密集，沿街设市，城内酒肆、餐馆、茶楼、浴室、药铺林立，并设有专供各种杂技、演艺娱乐的场所，商业发达，城市经济繁荣。

坊市制度，作为中国古代城市管理的核心组成部分，其主要特点是将居住区（坊）与交易区（市）严格区分，并通过法律和制度对交易的时间和地点进行严格控制。唐朝严格实行了这一制度，居住区内禁止经商，并辅以坊里邻保制、按时启闭坊门制、宵禁制等配套措施，以加强对城市居民的管理和控制。

从西周到隋唐，坊市制度存在千年之久，但是最终在宋朝逐渐瓦解。到了北宋时期，城市规划开创了新的布局方式，沿街设市，取消了"里坊制"。这一变化是社会发展、城市管理方式变革和商业活跃的结果。国家长期动荡，城市百姓为了生存突破了原有的坊市制度。宋朝初期，尽管统治者有意愿恢复里坊制，但是在实际执行的过程中阻力很大，商业活动成为国家重要的财源，为国家建立之初的财政振兴提供了助力。因此，宋朝统治者顺应时势，鼓励商业发展，颁发了一系列政策，加速了坊市制度的废除。随着城市人口的增加、水陆交通的建立及开明政策的推动，商业贸易繁荣起来，成为国家经济的重要组成部分。在这样的背景下，坊市制度最终崩溃，百姓纷纷突破原有的限制，在自家门口设立摊位，从事商业活动。这一变革不仅促进了商业的繁荣发展，而且标志着中国古代城市管理模式的重大转变。虽然城市中"里""坊"的称呼得以保留，但是封闭的里坊制度最终退出了历史舞台，为商业的繁荣和城市的发展开辟了新道路。从宋朝到明清的盛世规划都延续了沿街设市的开放性城市管理政策。

中国古代的城市大多建于有着优越地理位置及丰富自然资源的地区，以便满足城市大量人口的生活需求，起到良好的防御作用。随着城市规划设计理念的逐步成熟，城市设计强调了礼制、人文因素的影响，形成了自然与礼制相结合的特征。在城市发展中，中国城市的规划方式保持长期稳定的同时也在悄然地发生着变化，从严格的宵禁到逐步松动，从里坊制到沿街设市，体现出与时俱进的特点。由于时代的局限，城市规划的权力中心制体现突出，为居民所作的规划设计较少，在学习中国古代城市设计特点的同时应该做到扬弃结合，吸取精华，剔除糟粕。

第十四章

天青色等烟雨

　　"天青色等烟雨，而我在等你。月色被打捞起，晕开了结局。如传世的青花瓷自顾自美丽。你眼带笑意。"

　　歌曲《青花瓷》由周杰伦演唱并于 2007 年 11 月发行，迅速风靡全国。在发行后的第二年，中央电视台邀请周杰伦在春节联欢晚会上现场演唱这首歌。《青花瓷》的词由方文山创作，曲由周杰伦自己创作，这首歌不仅展现了中国传统瓷器的传世之美，而且巧妙地描绘了一段婉约动人的爱情故事。

　　据传，宋徽宗对青瓷情有独钟，他曾写下"雨过天青云破处，这般颜色做将来"的诗句，赞美青瓷之色。这句诗激发了方文山对江南烟雨的无限遐想，在创作《青花瓷》时，方文山巧妙地将"天青"置于"雨前"，进而引出"而我在等你"的情感表达。这种从景物描绘到情感抒发的转变，精准地勾勒了天青色的绝美之境。这首歌在描述青花瓷时存在一处小错误——"在瓶底书汉隶仿前朝的飘逸，就当我为遇见你伏笔"，实际上在青花瓷瓶底从未使用过汉隶字体，方文山后来对此进行了澄清，大多数听众仍然觉得这首歌的歌词美得令人陶醉。

　　"天青色等烟雨，而我在等你"传递出一种对美丽爱情的等待心情，古韵悠长。等待可以是一种美丽的体验，如果将今生的相遇视为来生重逢的伏笔，那么这种等待便显得尤为释然。在芭蕉帘外雨声急促的背景下，时间匆匆流逝，而青花瓷的容颜如故，老去的只是我们自己，而等待中的美丽可以像永不褪色的青花瓷一样，供回味和守候。

听完歌曲后，许多人理所当然地认为"天青色等烟雨"描绘的是青花瓷。实际上，这句歌词唱诵的并非青花瓷本身。那么，这么多年来我们岂不是一直误解了这句歌词的含义？要想解开这个谜团，必须了解"天青色"这一描述背后的含义。天青色，作为一种独特的颜色，其实是对烟雨蒙蒙时天空所呈现出的那种淡雅、朦胧的蓝色的描绘。这种颜色给人一种宁静、深远的感觉，虽然与青花瓷的蓝色相似，但是两者在文化和象征意义上有所区别。此处它是一种对瓷器所蕴含的自然之美的向往和追求，以及对时光流转、人生等待的深刻感悟。因此，对这句歌词的误解其实并不妨碍我们欣赏它所蕴含的美感和诗意。相反，这种误解反而为我们提供了一个重新审视这句歌词的机会，让我们能够更深入地理解和欣赏它所传达的情感和意境。"天青色等烟雨"这句歌词，虽然与青花瓷有着某种色彩上的联系，但是天青色的陶瓷釉彩实际上另有所指。

那一抹天青色的釉彩，属于中国五大名窑之首的汝窑。汝窑瓷器因产于河南汝州而得名，主要烧制于北宋时期，在中国陶瓷史上有"汝窑为魁"的说法。汝窑窑址在今河南省汝州市张公巷和宝丰县大营镇清凉寺村均有发现。汝州地区拥有得天独厚的高岭土、石英和木炭资源，为汝窑瓷器的烧制提供了优越的条件。

汝窑瓷器，以其细腻的胎质、古朴的造型、名贵的玛瑙釉及独特的色泽而备受赞誉。其色泽随光变幻，犹如"雨过天青云破处"般莹润透亮而不刺目，世人赞誉"似玉非玉而胜玉"。此外，汝瓷的器表呈现出蝉翼纹，具有"梨皮蟹爪芝麻花"的特点，增添了其独特的魅力。尽管汝瓷没有华丽的装饰，但是凭借其优雅的造型、柔和淡雅的釉色及如冰似玉的釉面而广受赞誉。它成为中国北宋时期的主要代表瓷器之一，展现了中华传统制瓷工艺的卓越成就。然而，现今存世的古代汝瓷数量有限，不足百件，故有"纵有家财万贯，不如汝瓷一片"的说法。

"天青色等烟雨"，实际上蕴含了两种意义。

其一，从自然的角度而言，天青色在雨后积云散去，天空放晴的时刻展现。这种颜色并不是随时可见，需要耐心等待雨后的那一抹清澈与宁静。因此，"天青色等烟雨"可以理解为天空在等待那一场不知何时会降临的雨，以便展现出最美的天青色。

其二，从汝窑瓷器的烧制角度来看，真正上品的汝窑釉色只有一种，那就是天青色。然而，这种天青色的烧制并非易事。正如那句"雨过天青云破处，这般颜色做将来"所描述的，只有在湿度和温度恰到好处的时刻，才能烧制出天青色的正上品汝窑瓷器。因此，"天青色等烟雨"可以理解为汝窑瓷器在等待那一场不知何时能降临的雨，以便在湿度和温度适宜的时刻，烧制出最美的天青色瓷器。

汝窑瓷器存世稀少的原因可归结为多个方面。

首先，汝窑的烧造历史相对短暂，只是在宋徽宗时期持续了大约20年。在这段有限的时间内，由于烧造工艺复杂且成品率低，出产的汝窑瓷器数量非常有限。这使得汝窑瓷器在市场上的流通量极低，增加了其珍贵性。

其次，汝窑作为官窑，主要为皇室生产御用瓷器。这意味着其生产规模和数量受到严格的限制，以满足宫廷的需求为主。此外，汝窑瓷器以当时十分珍贵的玛瑙为釉，进一步提高了其制作成本和珍贵程度。

最后，作为中央官窑，汝窑受到了朝廷的严格管控。汝窑在宋朝时期是御用窑，给皇室生产器物是一项特殊和隐秘的任务，因此没有被选中的瓷器都要被砸碎、毁掉，以确保皇室御用瓷器的独特性和珍贵性。汝窑的烧制极具挑战性，素有"十窑九不成"之说，即每十窑中仅有一窑能够烧制出成功的瓷器，成器稀少。为了确保御用瓷器的质量和独特性，朝廷对汝窑的生产过程进行了严格的监督。合格的汝窑瓷器被选入宫中供皇室使用，而不合格的产品都被砸碎、深埋，这种严格的筛选和销毁制度进一步减少了汝窑瓷器的存世数量。

关于汝瓷颜色的来历，流传着一个如诗般美妙的故事。由于宋徽宗崇奉道教，而道教的代表色正是"玄色"，与天青色颇为相似。据说有一日，宋徽宗梦见大雨过后，云散之处展现出迷人的天青色。醒来后，他被这种颜色深深吸引，想要在瓷器上重现这种天青色。当时，进贡给宫廷的瓷器来自河北曲阳的"定窑"，其白瓷质量上乘。然而，宋徽宗认为"定窑有芒不堪用"，于是下令汝州烧造青瓷，汝窑因此脱颖而出，成为当时的瓷窑魁首。烧制天青色瓷器并非易事，釉色的纯正与否受到原料和窑炉内气氛的影响。据记载，汝窑采用玛瑙入釉的独特工艺，汝州的工匠经过不懈努力，最终成功烧出了令宋徽宗满意的天青色瓷器，而这种天青釉也成为汝瓷的鲜明特色，为后世所珍视。如今，我们欣赏宋朝汝窑的瓷器时，不禁为那个如诗般的故事所感动，汝窑不仅是工匠技艺的结晶，而且是宋徽宗对美的追求和工匠智慧的体现。

汝瓷以其古朴大方的造型和简约的设计理念脱颖而出。其颜色介于蓝绿之间，釉色明亮而柔和，不刺眼。特别是那天青色的釉面，宛如"千峰碧波翠色来"，给人一种深邃而宁静的感觉。汝瓷的釉面质感似玉且胜玉，让人不禁为之赞叹。

汝窑仅为皇室烧制了短短的 20 年,因此,在北宋末期和南宋初期,汝瓷已成为珍贵的艺术品,随着时间的推移,其珍贵程度与日俱增。自北宋以后,历朝历代都盛行慕古之风,许多窑口都尝试复烧汝瓷。虽然出现了大量的天青釉仿汝釉瓷,但是这些仿制品只能模仿汝瓷的外形,无法复制宋朝汝窑所独有的神韵和品质。这也进一步显现了宋朝汝窑瓷器的独特魅力和不可复制的价值。

‖ 北宋汝窑奉华瓷盘
台北故宫博物院 ‖

一 // 宋朝陶瓷的艺术特点

两宋时期,中国处于历史上又一次民族大融合的阶段。唐朝灭亡后的五代十国时期,社会动荡,王朝存在时间短暂,文化艺术的发展相对有限。两宋时期,社会基本稳定,经济快速恢复,工艺设计逐渐展现出这个时代特有的艺术魅力。这一时期辽、夏、金等少数民族政权占据了汉族的北方故地,故地留下了大量擅长瓷器制作加工、木工和金工的汉族工匠。这些工匠继续以晚唐时期的风格进行设计和制作,如辽、金都有承继唐朝的三彩作品传世,并在一定程度上保留了唐风。

宋朝统治的地区,由于受北方少数民族政权的牵制,对外发展受到了一定的限制,失去了唐朝文化的开放性条件和特征。因此,南宋政权只能向内寻求发展。蔡伦发明了造纸术,雕版印刷术得到普及,后来出现了活字版印刷术,造纸术和印刷术促进了文化知识的传播,书籍的编纂和流传变得更加便利,书籍的价格也大幅度下降,文化和教育开始普及。宋朝时的中国成为那个时代世界上识字率最高的国家,这为文化艺术的繁荣奠定了坚实的基础,朝野上下充满着书卷之气。

宋朝开国皇帝赵匡胤出身于武将,新王朝建立后为了避免重蹈前朝覆辙,在政治上重文轻武,崇尚文治,文人因此得到了较高的社会地位。作为政府选拔人才的科举制度也得到了改进和完善,为了保证公平,科场采用了"糊名"和"誊写"的方式，确保了社会底层的有学之士能够通过自己的努力学习，提升自己的社会地位，发挥自己的才干。重视文化的氛围、成熟的教育和选拔人才的政策，使文人重新抬头，并形成了良好的社会氛围，宋词风格多样，文人画渐成气候并且影响深远。富有深度的宋朝哲学和兴起的文人风格艺术相结合，实现技艺平衡。这种平衡不仅创造出了中国文人艺术的辉煌，而且展现了两宋时期工艺设计的独特魅力。在这个时期，艺术创造力得到了充分的发挥，各种工艺门类都取得了卓越的成就。

两宋是中国历史上一个充满变革和创新的时期。这一时期尽管面临着外部的挑战和限制，但是创造了繁荣的文化。网络调查显示，如果有机会穿越到古代，希望穿越到宋朝的人的比例是最高的。这种繁荣不仅体现在文学、哲学等领域，而且体现在工艺设计方面，以宋朝陶瓷为代表展示了中国文化的独特魅力，留下了辉煌的文化遗产。

宋朝是中国历史上一个辉煌灿烂的时代，手工业、商业及科学技术都取得了高度的发展。在众多工艺中，陶瓷尤为出色，因此宋朝被誉为"瓷的时代"。南北各地，名窑星罗棋布，其中汝窑、官窑、钧窑、哥窑、定窑被誉为五大名窑，展示了瓷器造型的丰富和釉色的多种面貌，包括青瓷、白瓷、青白瓷、黑瓷、彩瓷等，陶瓷艺术达到了空前的繁荣。宋朝陶瓷在艺术上取得了卓越的成就，其造型简洁而优美，向我们展现了出色的工艺形象。这些陶瓷作品的比例和尺度恰到好处，增减一分都会破坏其完美感，这也是宋瓷千百年来备受人们欣赏的原因之一。

宋瓷的艺术特点主要体现在两个方面。首先，受中国传统文化的影响，宋瓷在设计上崇尚自然，满足实用功能的同时，巧妙地融入了自然元素和题材，使得每件瓷器都如同一个小小的自然世界。此外，陶瓷的画花工艺与国画艺术完美结合，开创了瓷器装饰的新纪元。其次，宋瓷的另一个显著艺术特点是印花工艺的广泛应用。这种工艺多采用模压阳文的手法，以花草为主要图案，既具有装饰性又不失实用性。印花工艺的出现预示着标准化的萌芽，提高了生产效率，推动了陶瓷艺术的普及和进步。在造型与装饰设计上，宋瓷展现了众多独创之处，将实用与审美完美结合，展现了中国古代设计艺术的魅力，堪称日用产品造型设计的杰出典范。

在器物造型上，宋朝陶瓷式样繁多。宋瓷壶类作品有别于隋唐时期短流壶的设计，通常采用长流设计，造型优美飘逸，壶流、柄和壶口三者之间几乎呈平行状态，壶身造型多有设计，以瓜棱形最为常见。此外，梅瓶、玉壶春等样式也备受欢迎。

梅瓶造型优美，瓶身线条流畅、形态独特，成为宋朝瓷器中的代表作。南北方的梅瓶造型也略有差异，北方瓶造型浑厚雄壮、肩部高耸，南方则偏圆润。碗的样式包括瓜棱形、葵花形等，其中斗笠形碗尤为流行，这种造型不仅具有时代特色，而且体现了宋朝瓷器艺术对自然和生活的独特理解。对中国古代瓷器日用品来说，宋朝瓷器的造型设计无疑是最成功的，它不仅将实用功能发挥到极致，而且在造型语言和制作工艺上达到了精湛水平。

在装饰手法上，宋朝陶瓷同样展现出多样化的特点。宋瓷在釉色和纹理上也有着独到追求，如前面提到的以天青釉为特色的汝瓷和莹润洁白的定窑白瓷，突出釉色的美感和纹理的质感，每件瓷器都如同晶莹剔透的玉石，充满时代风格和审美情趣。宋瓷突破了南青北白的传统格局，使瓷器艺术在色彩上更加丰富，但这一时期的瓷器以单色釉为主流，简洁典雅的风格成为其独特的艺术特色。无论是淡雅的青瓷、纯净的白瓷、清新的青白瓷、神秘的黑瓷，还是绚烂的彩瓷，宋瓷都以其独特的釉色和纹理美感赢得了大众的喜爱。除釉色之外，剔刻、刻花和印花作为传统的装饰方法在宋朝得到进一步升华，并发展出了绣花技法，用针在胎体上刺刻出精美的花纹。在装饰题材上，宋瓷偏爱折枝花、飞鸟、虫鱼等元素，纹样秀丽且线条流畅，通过各类图案追求意境深远、自然流畅的艺术效果。与此同时，规矩的几何纹样较为少见，这进一步体现了宋瓷清新、典雅、自然的艺术特色。值得一提的是，各类刻花装饰为后来的绘瓷艺术开创了新的纪元。

宋朝瓷器以其卓越的艺术成就和独特的审美风格成为中国陶瓷史上的璀璨明珠。它不仅展示了宋朝手工业、商业和科学技术的高度发展，而且体现了中国传统文化对自然和生活的独特理解和追求。宋瓷以其独特的艺术魅力和历史价值成为后世研究和欣赏的重要对象。

二 // 五大名窑

五大名窑这一说法始见于明朝皇室收藏目录《宣德鼎彝谱》："内库所藏柴、汝、官、哥、钧、定名窑器皿，款式典雅者，写图进呈。"除了我们熟知的五大名窑，还有一个柴窑，根据资料记载，柴窑起源于五代后周显德初年，位于河南郑州。由于当时的世宗姓柴，因此得名柴窑，也被称为御窑，从宋朝开始称其为柴窑，它成了中国唯一以君主姓氏命名的瓷窑。柴窑的记载并不详细，在后周、宋、元时期，并没有文献对柴窑进行记录，明朝的文献对其有所提及。明朝文震亨在《长物志》中描述了柴窑的特点："柴窑最贵，世不一见，闻其制，青如天，明如镜，薄如纸，声如磬。"对其进行记录的同时，赞美它工艺精美，釉有细纹，同时指出了其存世量少。至今并未发现柴窑瓷器实物，它的完美无瑕仅存在于书籍之中，对于其存在与否业内一直有争议，这无疑成为瓷器爱好者的一大遗憾。因此，五大名窑中也就没有了柴窑，只有我们熟悉的官、哥、汝、钧、定五窑。五大名窑所产的瓷器代表着宋朝瓷器工艺的最高水平，它们在造型、釉色、装饰等方面都有着独特的风格和特点，不仅具有很高的艺术价值，而且是中国古代瓷器发展史上的重要里程碑。

（一）汝窑

汝瓷存世量少，已知的有63件，台北故宫博物院21件、北京故宫博物院17件、上海博物馆8件、英国戴维德中国艺术基金会7件，另外10件分别存在美、日相关博物馆。釉色以天青色为主，在瓷器烧制过程中釉色会有些许变化，呈现出豆绿、淡青、粉青、虾青、月白等多种釉色。当釉料较厚时，其色彩偏深，呈现出豆绿色；当釉料较薄时，会略微透出胎体原本的白色，呈现出粉青色。釉质纯净均匀，展现出汝瓷的独特魅力。

汝窑的烧制工艺经历了多次变革，初期采用的是垫烧工艺，该工艺还不成熟，瓷器底部胎体裸露面积较大，无法做到通体一致，这曾让宋徽宗非常不满。为了解决这一工艺问题，汝窑的能工巧匠们巧妙地使用当地含铝量高、耐高温的泥土，制成下大上小的支钉，并与垫环或垫饼连为一体，进行预烧固形，在器物入窑烧制前将其尖端黏在瓷器的底部，起到以最小的挤触面积支撑瓷器的效果。这一工艺成熟后，汝窑瓷器便可以通体施釉，烧制好的器物底部仅留下细小的支钉痕迹，这也成为汝瓷的一大特色。

汝瓷的釉面效果独特，除了前面提到的天青色，汝瓷的釉质内会存有少量的气泡，气泡内往往伴随着釉料中的翡翠或玛瑙结晶，视觉上呈现出半乳浊状的结晶釉，且这种结晶釉对光线很敏感。若我们凑近观察汝瓷，会发现这些气泡和结晶犹如晨星闪烁，令人着迷。在古代，人们将汝窑釉质的这一特色称为"寥若晨星"。这种独特的釉质内气泡和结晶的存在，是汝窑釉料配置和烧制工艺共同作用的结果，成为汝瓷的一大特色。

此外，大多数汝瓷有开片现象，这也是它的一个重要特征。开片是瓷器釉面的一种开裂现象，虽然它是一种无法控制的釉病，但是工匠通过仔细观察和摸索，逐渐掌握了汝瓷的开片规律并加以利用，使得汝窑的开片成为一种特殊的装饰。根据开片的斜率、大小，这种装饰可分为梨皮、蟹爪纹、芝麻花等。这种开片装饰增加了汝瓷的艺术美感。

（二）定窑

定窑的历史可以追溯到唐朝的邢窑。在晚唐至五代时期，定窑的生产水平得到了显著提高，它已经能够生产出大量的精品瓷器。在北宋，它达到了鼎盛时期。定窑以烧制白瓷为主，其瓷质细腻，壁薄而有光泽，釉色润泽如玉，给人以清新脱俗的美感。宋朝定窑产量大幅度提高，加之产品质量上乘，这种白瓷在当时深受社会各阶层的喜爱，成为当时的爆款商品，于是其他窑场开始仿制定窑白瓷，于是形成了一个庞大的白瓷窑系。北宋中期，定窑的影响力进一步扩大，它凭借独特的釉色和大气的造型成为当时北方瓷器生产的主流。

唐朝和宋朝的白瓷在颜色上存在一定的差异。唐朝的白瓷白中泛青，而宋朝的白瓷白中发黄。这种差异并非配方变化所致，而是燃料变化所致。唐朝主要使用柴火作为燃料，而宋朝改用煤炭。在烧煤过程中，火源会形成氧化作用，从而导致烧成后的釉色偏黄。无论是泛青还是偏黄，定窑白瓷的基本色调都是白色。这种"坚持本色"的个性也成为定窑品牌的一大特色。

定窑白釉孩儿枕是一件宋朝的瓷器珍品，其高度为18.3厘米，长度为30厘米，宽度为18.3厘米。这件作品以孩儿俯卧于榻上的形象作为枕面，展现出了定窑匠师的独特创意和精湛技艺。枕面上的孩儿形象生动逼真，两臂环抱，垫起头部，右手持一个绣球，两足交叉上翘，身穿长袍并外罩坎肩，长衣下部印有团花纹饰。孩儿眉清目秀，眼睛圆而有神，神情悠闲自得，给人一种天真可爱、活泼动人的感觉。作品线条柔和流畅，细节刻画栩栩如生，成为中国古代瓷器中的佼佼者。此外，榻的形状为长圆形，四面设计有开光。正面开光内印有螭龙纹，背面开光则保持素净，两侧开光内印有如意云头纹，而开光之间也以如意云头纹作为装饰。整个瓷器通体施以牙白色釉，底部为素胎，并设有两个通气孔。

‖ 定窑白釉孩儿枕
台北故宫博物院 ‖

在宋朝，瓷枕的使用非常盛行，南北方的瓷窑都普遍烧制各种类型和造型的瓷枕。这些瓷枕种类繁多，包括白釉（如白釉划花、白釉珍珠地划花、白釉剔花、白釉黑花等）、黑釉、青釉、青白釉、黄釉、绿釉、三彩等。在造型上，除了长方形、八方形、银锭形、腰圆形、如意形等常见形状外，还有虎形、狮形、孩儿形等别致的形状。古人之所以喜爱使用瓷枕，是因为它们能够带来清爽的感觉并有益于身心健康，甚至有传说称这样的枕头可以明目益睛，到老都能阅读细小的文字。定窑白釉孩儿枕作为这一传统工艺的杰出代表，不仅具有实用性，而且是一件具有艺术价值和历史意义的珍贵文物。

（三）哥窑

关于哥窑，坊间有这样一个故事。南宋时期，龙泉出现了一位著名的制瓷艺人章村根。他的两个儿子章生一和章生二继承家学后，分别成为两个窑场的主理人。章生一主理的窑场被称为哥窑，而章生二主理的窑场被称为弟窑。哥哥章生一技艺高超，他成功烧制出了具有"紫口铁足"特征的青瓷，因此哥窑被皇室选中，成为御用窑场。

弟弟章生二在竞争中落选，心生不满。他并未将精力投入到技艺提升上，而是想方设法破坏哥哥的产品。有一次，哥哥因急事外出，将烧窑的任务托付给弟弟。青瓷的烧制需要在瓷窑温度达到1 400℃后停火冷却至常温时才能打开窑门，但弟弟在停火时突然打开了窑门，这导致冷空气进入窑内。这一行为使得瓷器上产生了许多裂纹。哥哥回来发现这一情况后，感到十分沮丧，因为这批瓷器是要进贡给皇帝的。然而，当哥哥随手拿起一个刚烧好的瓷杯泡茶时，他意外地发现，泡了茶的瓷杯上的裂纹迅速变成了茶色的线条。对着光线一看，这些线条仿佛金色的丝线，比之前的釉色更加美丽动人。

哥哥从这批瓷器中精心挑选了一些，并如法炮制地进行了处理。他壮着胆子将这批瓷器进贡给皇帝，声称这些是自己实验所得的新品种，请皇帝鉴赏。出乎意料的是，皇帝非常喜欢这些具有独特裂纹和金丝铁线特色的瓷器。于是，哥哥进一步研究并完善了这一技艺，最终使哥窑因"金丝铁线"这一典型特色而名声大噪，成功跻身五大名窑之列。

当然，这样的故事性描述并不能告诉我们哥窑真正的历史和特点，只是对哥窑开片特征的一种牵强附会的解释。哥窑的最早文献记载可见于明朝陆深的《春风堂随笔》："哥窑，浅白断纹，号百圾碎。宋时有章生一、生二兄弟，皆处州人，主龙泉之琉田窑。生二所陶青器纯粹如美玉，为世所贵，即官窑之类。生一所陶者色淡，故名哥窑。"这指出哥窑瓷器烧造于龙泉的琉田，而现今的琉田更名为大窑，为龙泉窑的中心产区。

然而，明朝文献中对哥窑瓷器产地的看法并非一致。高濂在《遵生八笺》中提出了不同的观点，他认为哥窑瓷器并非产于龙泉，而是产于杭州。高氏称："官窑品格大率与哥窑相同……哥窑烧于私家，取土俱在此地。"这里的"此地"指的是杭州。因此，在明朝文献中，关于哥窑瓷器的产地存在两种主要观点：陆深主张龙泉琉田，而高濂主张杭州。现在流传于世的"哥窑"经典瓷器大多源自清宫旧藏，不过，这批器物同古文献中所记载的"哥窑"瓷器特征存在诸多不符之处，且缺乏考古资料的直接佐证，这使得其真实身份变得扑朔迷离。

明朝末年至清朝，论及哥窑的文献逐渐增多，但内容多为对前人著述的抄录和诠释，基本沿袭了《春风堂随笔》《遵生八笺》等明朝中期文献的观点。值得肯定的是，这些文献对哥窑器物的特征描述具体、清晰。基于各类资料，我们可以总结出哥窑瓷器的主要特征：胎色黑褐，釉层呈现冰裂纹，釉色以粉青或灰青为主。因胎色较黑，高温下器物口沿的釉汁会流泻，从而显露出胎色，形成了"紫口铁足"的特征。此外，釉层的开片纹理有粗有细，其中较细的被称为"百圾碎"。根据这些文献所提供的信息，在大窑、溪口等地区找到了生产类似器物的窑址，出土的产品具有黑胎、开片、灰青釉色、单色纹线等特点。这些特点与文献中描述的哥窑瓷器特征高度吻合。

至此，经过多方考证和研究，宋朝五大名窑之一的哥窑终于有了定论，其烧造年代确定为南宋中晚期，哥窑瓷器产地为浙江龙泉。这一结论为我们进一步认识和了解哥窑提供了更明确和具体的依据。

哥窑作为五大名窑之一，其瓷器的艺术特征主要有以下几点。

首先，哥窑瓷器最为人所熟知的特征是其裂纹釉。在宋朝五大名窑瓷器中，除了哥窑瓷器外，汝窑瓷器和官窑瓷器也有裂纹现象，但哥窑瓷器以其独树一帜的"金丝铁线"纹而闻名于世。金丝铁线是指哥窑瓷器釉面上那独特分布的裂纹形态。在这些哥窑瓷器的表面，我们可以清晰地观察到许多细密如冰裂的纹片，它们被称为"文武片"或"百圾碎"。这些纹片大小交织，布局错落有致。尤为引人注目的是那些深黑色的纹线，它们如铁线般坚硬且纹理分明。然而，若细致观察，我们还会发现浅黄色的裂纹悄然穿插其中，它们呈现出褐黄的色泽，仿佛金丝般细腻。这种纹片的独特分布与色彩的和谐组合，共同构成了哥窑瓷器上独具魅力的"金丝铁线"纹理，成为哥窑瓷器无可替代的标志性特征之一。

其次，哥窑瓷器的釉质别具一格，它凝厚如堆脂，且属于无光釉的范畴。釉面色调丰富，从米黄到粉青，从灰青到月白，这些细腻的色彩变化使得每一件哥窑作品都独具风采。特别引人注目的是，釉中蕴藏着密集的气泡。在显微镜下仔细观察，会发现这些气泡清晰可见，并呈现出独特的"攒珠聚球"景象。"攒珠"一词形象描述了釉内那些细密如小水珠的气泡，它们均匀散布在器物的内壁和外壁上，宛如晶莹的露珠。然而，哥窑瓷器釉内的气泡并非只有"攒珠"这一种形态，还存在稍大些的"聚球"式气泡。"聚球"式气泡比"攒珠"式气泡更大，呈现出圆润的球状。这两种气泡在哥窑瓷器中的排列并非随意的，而是相对有序。值得注意的是，"聚球"式气泡的数量远少于"攒珠"式气泡，它们通常呈环状有序排列在器物的内壁上，形成独特的环形纹理，仿佛厚实的玉环。这一独特的气泡排列和分布特征，是哥窑瓷器独有的标志，为它的釉面增添了艺术魅力。

最后，哥窑瓷器的另一个特色是"紫口铁足"。这一特征的形成归功于胎体材料中较高的含铁量，它使得胎体本身呈现出紫黑色或棕黄色的基调。在精心烧制的过程中，哥窑瓷器整体被施以乳浊状的厚釉，然而，在瓷器口沿处，釉层相对较薄。这种巧妙的处理使得口沿处的隐纹更密集，釉色与胎色在此交织叠加，于是口沿处泛出比黑胎稍浅的紫色，得名"紫口"。在哥窑工艺中，底足部分不施釉料，直接展露出胎体的本色，于是底足部分铁褐色的胎体清晰可见，得名"铁足"。"紫口铁足"与瓷器整体的釉色相映成趣，不仅显示了青釉的清新秀丽，而且为厚釉产品增添了一分挺拔朴雅。"紫口铁足"是哥窑瓷器的标志性特征之一，也是鉴别其真伪时不可或缺的重要依据。

‖ 哥窑青釉双耳彝炉
北京故宫博物院 ‖

（四）官窑

官窑，顾名思义，即官方所设之窑。在宋朝，瓷窑有官窑与民窑之分，宫廷所需的瓷器均由官办瓷窑生产。北宋皇室在汴京（今河南开封）建立了官窑。后来，宋室南渡，定都临安（今浙江杭州）之后，沿袭旧制，于南宋高宗时期，在临安建立了修内司和郊坛下官窑，世称南宋官窑，狭义上的"官窑"特指南宋官窑。

官窑瓷器在形制上沿袭了北宋的风韵，展现出端庄秀雅、如诗如画的美感，其规整对称的造型映射出宫廷端庄之美，气势恢宏，高贵大气，每一件官窑作品都堪称工艺精湛之作。官窑所用胎土中蕴含丰富的铁元素，使作品呈现出沉稳的质感，胎色深邃。釉面沉重幽亮，宛若堆积的脂粉，柔美如玉般温润。经过层层细磨，釉面光泽沉凝，并不刺眼。纹理有序协调，造型高贵庄重，官窑瓷器散发着庄重优雅之美。南宋灭亡后，官窑遭到了毁灭性的打击，工匠失散，技艺失传。如今，散落在世界各地的杭州南宋官窑青瓷珍品有 100 余件，传世之作可谓寥若晨星，珍贵无比。

（五）钧窑

钧窑位于河南省禹州市。钧瓷与汝瓷等同属青瓷系列，与同时代的青瓷相比，其釉色变化玄妙、多彩迷人，常见的钧瓷釉色包括天蓝、月白、紫红等多种色调，其中尤以紫红釉色最为独特。钧窑烧造瓷器的历史可以追溯到唐朝，钧瓷的形成受到柴窑、鲁山花瓷的影响。钧瓷在北宋徽宗时期达到巅峰，其釉色和纹理的表现都达到了随心所欲的境地。金、元时期，少数民族统治者推崇色彩绚丽的钧瓷，其仿宋朝钧瓷的水平也非常高。明朝亦有钧瓷烧造，但成品质量相对低。

钧窑瓷器釉色浓淡各异、局部色彩变化的现象，被誉为"夕阳紫翠忽成岚"。这种迷人的釉色变化是如何实现的呢？其实，原理并不复杂，就像作画时，多层颜料的叠加会透出底色一样，钧窑瓷器的紫色也是不同的色釉相融合的结果。工匠在胎体成型后，会在底层色釉上巧妙地涂抹特定色釉，在烧造过程中，高温状态下的两种釉料会在胎体上自然交织融合，形成神奇的色泽变化。虽然原理简单，但是由于烧造过程受到窑炉结构、燃料、温度、釉料、风向等诸多因素的影响，这个过程充满不确定性。因此，钧窑作品的釉色都是独一无二的。影响钧瓷釉色变化的因素很多，这使得钧瓷的烧制难度很大，窑工必须具备丰富的经验和出色的应变能力，否则就可能出现古人所说的"十窑九不成"的结果。这种烧造过程中的釉色变化被称为"窑变"，于是钧瓷便有了"入窑一色，出窑万彩"的美誉。

窑变的釉色变化效果非人为能够有效控制的，它同时具有偶然与必然的双重特性。在古代，人们对窑变的理解更宽泛，甚至将瓷器形状的变动也纳入其中，细致划分出形变与釉变两大类别。烧制过程中的收缩、膨胀等因素，使得瓷器形状发生意想不到的改变；釉料内含的微量元素在温度与气氛的微妙影响下，让附着釉的器物在出炉时展现出五彩斑斓、纹理各异的独特风貌。这种变化不仅独一无二，而且充满了不可预知的魅力。如今，我们所说的窑变主要指这种釉色的神奇变化。窑变的结果有时可能不尽如人意，我们称之为"窑病"，即瓷器在烧制过程中出现的诸如开裂、变形、色泽不匀等瑕疵。然而，更多的时候，它会带给我们惊喜，那就是所谓的"窑宝"。这些经过窑变洗礼呈现出独特色彩与纹理的瓷器，常被视为稀世珍宝。在追求这一艺术效果的道路上，匠人需要反复试验，不断总结经验，逐步提升窑变的成功率与品质。流传至今的宋朝钧瓷，便是这一工艺巅峰时期的杰出代表。世人赞誉钧窑"浑然天成，绝世无双"。钧瓷在烧制过程中偶然天成的奇妙色彩是瓷器爱好者眼中的无价之宝。

值得一提的是，钧窑在烧制过程中使用的红色釉是一种以铜的氧化物为呈色剂的特殊釉料，它的出现标志着铜红釉的诞生。后世的元朝釉里红、明朝宝石红、清朝郎窑红等工艺的源头都可以追溯到宋朝的钧窑。

除了釉色的微妙变化，宋朝的钧瓷釉面上常会出现"蚯蚓走泥纹"，这是其另一特征。这种釉面效果的形成是因为钧窑瓷器的釉层较厚，在烧造前或在温度升高的过程中容易开裂，随着窑炉内的温度达到高峰，釉料会液化流动并填补这些裂缝，从而形成釉料堆积现象，成型后其视觉效果就像一条条蚯蚓在泥土中穿行留下的痕迹一样，故而得名。

钧瓷的胎质属于瓷胎，大多以灰色胎为主，分为浅灰和深灰两种，还有灰白色和淡黄色的胎。浅灰色胎质细密，叩击时发出金属声，这是早期产品的特征；深灰色胎质较粗松，叩击时发生的声音接近瓦声，多为晚期产品。钧瓷胎壁相对较厚，外壁施釉往往不到底，胎釉交接处边沿不整齐，釉面常有棕眼气泡。其中，蓝釉红斑的斑块边界线清晰，这与后来仿钧瓷的晕散斑块有明显差别。受道家思想的影响，钧窑的造型和纹理都遵循规整对称的原则，这种原则在北宋官造钧瓷中体现得尤为明显，无论是文房用具还是大型祭器，都严格遵守这一原则，展现出宫廷的庄重与高雅。此外，钧窑还流行大型器物，如大型的碗、盘等，这些器物的底足足端常修削成斜面，底中心凸起。

钧窑的釉色以红蓝两色为基调，经窑变而千变万化。具体来说，釉色可以有月白、天青、天蓝、葱翠青、玫瑰紫、海棠红、胭脂红、茄色紫、丁香紫、火焰红等。钧窑的蓝色有别于一般的青瓷，表现为浓淡不一的蓝色乳光釉，色调较淡的亦称天青；色调较深的为天蓝；较天青淡的釉色称为月白，厚重的釉色使它们散发着幽雅的蓝色光泽。其色泽如美玉般温润，呈现出"似玉非玉"的独特质感。有人形容其色彩，或如蓝天般深邃，紫中藏青，青中寓白，白里泛红，变化无穷；或如群山叠翠，幽潭帆影；或如雪积南岭，玉暖冰河，展现出北国风光的壮美；或如星辰满天，寒鸦归林，仿佛将夜空与自然的和谐定格在瓷器之上；或如仙山环阁，飞云流水，仿佛人间仙境般惟妙惟肖。这些神妙的景象都是自然形成的，如同泼墨写意画一般，其美妙之处绝非世间丹青妙手所能比拟的。在中华传统文化中，"道法自然"这一审美理念在钧瓷中得到了完美的体现。

‖ 钧窑玫瑰紫釉菱花式三足花盆托
北京故宫博物院 ‖

三∥宋朝陶瓷中的审美艺趣

中国士大夫阶层出现于魏晋南北朝时期。这一时期，社会文化经历了剧烈的变革，这种变革是建立在社会形态深刻转变基础之上的。从汉武帝开始，独尊儒术，此后的官吏大多以经术起家，到东汉后期形成了累世公卿的现象。至曹魏时期，实行九品中正制，门阀士族可以直接参与政治。从西汉末年开始，土地兼并现象逐渐加剧，形成了基于自然经济的分裂割据、等级森严、世代相袭的封建庄园地主经济，且该经济在魏晋南北朝时期逐渐稳固并扩大了其影响力。在这一时期，每一股政治力量的兴衰背后，都可以看到门阀士族、豪强地主的身影。新起的豪强为了进一步巩固和提升自己的地位，紧密地与知识阶层结合在一起，其家族内部大多接受了良好的教育。社会经济基础的变化和新阶层的崛起，共同导致了原本占据统治地位的两汉经学体系的崩溃，这种迂腐、烦琐的经学被士族阶级倡导的潇洒飘逸、桀骜不驯的魏晋风度取代。

在西汉武帝时期，汉乐府的作品，如《艳歌行》《孔雀东南飞》等，多采用叙事手法，运用通俗的语言创作出贴近生活的诗篇。这些作品在刻画人物时细致入微，塑造出性格鲜明的人物形象，同时故事情节相对完整。更重要的是，它们能够突出思想内涵，着重描绘典型的细节，如"指如削葱根，口如含朱丹""新妇识马声，蹑履相逢迎"等，人物形象栩栩如生。这种描绘方式与说唱俑、俳优俑的生动形象，以及生活化的人物动态演绎有异曲同工之妙。

然而，到了汉末及魏晋时期，由南朝萧统所编的《古诗十九首》在风格上有了显著的转变。这部作品一改汉乐府对民间生活的记录式描绘，而以灰色的文字再现了文人在社会思想大转变时期的幻灭与沉沦。它运用象征性的语言来表达心灵的觉醒与痛苦，侧重于情绪的表达。"生年不满百，常怀千岁忧""昼短苦夜长，何不秉烛游""愁多知夜长，仰观众星列""置书怀袖中，三岁字不灭"等诗句，都展现了文人内心的苦闷和无奈。与汉乐府相比，《古诗十九首》中的人物形象变得单一，主要角色是那些仿佛不食人间烟火的文人，他们愁肠百结，思绪飘飞。

尽管部分研究将魏晋风度视为消极、反动和不进步，甚至称之为魏晋玄学，并认为其常常陷入虚无缥缈的空谈，但是魏晋南北朝是中国历史上一个思辨问题大量提出、哲学思维异常自由和活跃的时期。在哲学、艺术、美学等领域，这一时期取得了丰硕的成果。特别是在美学问题的探讨上，其深度是前所未有的。这一时期的思考和探索逐渐冲破了牢固的框架体系，建立了新的思想架构，为文人风格艺术的崛起奠定了坚实的基础。

宋朝是中国历史上统治者极其重视文人的时期，生活于两宋相交之际的官员叶梦得在其《避暑录话》中曾有这样的记载，北宋开国皇帝曾密诏立碑，靖康之变时内容泄露，碑上包含了"不得杀士大夫及上书言事之人"的内容，由此可见统治者对待文人的基本态度。宋朝政权体系内的知识分子以朝堂为中心形成了精英集团，它们可以在皇帝面前发表不同意见，言论相对自由。在整体轻松的政治氛围之下，士大夫的情趣引导着社会审美，淡雅优美、温柔婉约的宋词风尚是宋朝的文化主基调，他们追求身心的平和与生活的安逸，现世享受代替了盛唐时期的雄魂气魄与内在活力。

受儒家和道家思想的影响，宋朝士大夫在修身、齐家、治国的同时，注重心性修养。他们在政治上受到儒家积极入世思想的影响，但在审美情趣上倾向于道家和禅家的清净、淡泊。这种儒释道的思想成为文化领域中占主导地位的思想，对中国的美学思想产生了深远的影响。受禅宗美学的影响，宋朝的审美观念相较于唐朝发生了显著变化，宋人不再追求丰满、圆浑的风格，而是倾向于自然、平淡、质朴的特色。追求"空灵"境界，成为宋朝特有的美学程式。宋瓷简洁、灵巧，线条优美，具有含蓄内敛的美感，彰显"秀丽空灵""形神兼备"的特点，追求秀美隽永的审美意境。在釉色方面，受道家美学思想的影响，宋朝瓷器更加注重"自然"风格，瓷器制作追求自然艺趣，与天地大美不言的哲学观念相契合。宋瓷体现了事物的自然、本色之美，同时气韵生动，体现了士大夫阶层的艺趣，传递出高洁品质和清净淡泊的心境。

　　无论是天青色的汝瓷，还是"颜色天下白"的定瓷，其釉色正是这一时代文人淡雅、婉约审美的集中体现，展现了天人合一的中式审美。钧瓷釉色的偶然性表现出宛自天开的诗性之美，是陶瓷烧造工艺发展和文人审美需求之下的必然。后来，哥窑、官窑、汝窑瓷器的裂纹釉发展为一种特殊的病态审美，强调不完满，影响了文人审美的发展方向。

参考文献

[1]李泽厚 . 美的历程 [M]. 北京：生活·读书·新知三联书店，2009.

[2]傅熹年 . 中国古代城市规划、建筑群布局及建筑设计方法研究 [M]. 北京：中国
建筑工业出版社，2001.

[3]赫拉利 . 人类简史：从动物到上帝 [M]. 林俊宏，译 . 北京：中信出版社，2017.

[4]许慎 . 说文解字（简体）[M]. 徐铉，校定 . 上海：上海教育出版社，2003.

[5]苏立文 . 中国艺术史 [M]. 徐坚，译 . 上海：上海人民出版社，2014.

[6]李泽厚 . 华夏美学·美学四讲 [M]. 北京：生活·读书·新知三联书店，2008.

[7]中央美术学院美术史系中国美术史教研室 . 中国美术简史 [M]. 北京：高等教育
出版社，1990.

[8]司马迁 . 史记 [M]. 北京：线装书局，2006.

[9]李砚祖 . 设计的文化与历史责任· 李砚祖谈 "设计与文化"[J]. 设计，2020，
33（2）：42-46.

[10]李立新 . 我的设计史观 [J]. 南京艺术学院学报（美术与设计版），2012（1）：
8-15，181.

[11]周志 . 设计史的乌托邦：评马格林《世界设计史》[J]. 装饰，2021（4）：62-66.

[12]李砚祖 . 设计史论研究与当代设计 [J]. 工业工程设计，2021，3（4）.1-4，11.

[13]沈榆 . 从现象到本质：设计史研究的方法与价值 [J]. 民族艺术研究，2021，
34（5）：60-66.

[14]杭间 . "设计史" 的本质：从工具理性到 "日常生活的审美化"[J]. 文艺研究，
2010（11）：116-122.

[15]李云河 . 再论马镫起源 [J]. 考古，2021（11）：90-99.

[16]陈巍 . 马镫起源与传播新探 [J]. 自然科学史研究，2017，36（3）：333-346.

[17]万欣 . 辽宁北票喇嘛洞墓地 1998 年发掘报告 [J]. 考古学报，2004（2）：
209-242，249-262.

[18]齐东方 . 中国早期马镫的有关问题 [J]. 文物，1993（4）：71-78，89.

[19]刘春梅，程佳晖，朱俊虹 . 由原始陶器带来的思考 [J]. 中国陶瓷，2020，
56（4）：84-89.

[20]范毓周 . 临汝阎村新石器时代遗址出土陶画《鹳鱼石斧图》试释 [J]. 中原文物，1983（3）：10-12.

[21]柳毅 . 和谐之美：仰韶彩陶的纹饰浅析 [J]. 文物鉴定与鉴赏，2019（1）：14-15.

[22]张绍文 . 原始艺术的瑰宝：记仰韶文化彩陶上的《鹳鱼石斧图》[J]. 中原文物，1981（1）：23-26.

[23]郝大鹏 . 四川美术学院虎溪校区 [J]. 公共艺术，2013（3）：60-62.

[24]郝大鹏，马敏 . "地域营造"：四川美术学院虎溪校区之 "公共性" 解析 [J]. 装饰，2013（9）：35-40.

[25]上海博物馆青铜器研究组 . 商鞅方升容积实测 [J]. 上海博物馆集刊，1981：151-152.

[26]徐卫民，余熠 . 秦始皇 "车同轨" 辨证 [J]. 中国史研究动态，2022（6）：61-66.

[27]史党社 . 秦马车的文化史意义：从秦陵出土铜车马谈起 [J]. 秦始皇帝陵博物院，2017：338-356.

[28]张胡玲 . 从秦始皇陵铜车马看秦代严密的手工业法规 [J]. 华夏文化，2013（1）：24-25.

[29]吴琦幸 . "车同轨" 考 [J]. 华东师范大学学报（哲学社会科学版），2010，42（4）：112-118.

[30]冀子辉，刘咏梅 . "现代汉服" 款式结构特征研究 [J]. 山东纺织科技，2016，57（5）：30-35.

[31]韩星 . 当代汉服复兴运动的文化反思 [J]. 内蒙古大学艺术学院学报，2012，9（4）：38-45.

[32]黄梓桐.对深衣之"衽"的想象与重构:"中国古代深衣考辨"再解读[J].
　　艺术设计研究,2023(5):68-76.

[33]黄梓桐.近40年深衣研究评述[J].中国史研究动态,2022(1):5-12.

[34]刘丹,仇运宁.谈周礼与深衣制的形成[J].纺织报告,2023,42(12):
　　126-128.

[35]吴卫,龙楚怡.虎食人卣纹饰及文化寓意探析[J].装饰,2014(12):80-81.

[36]张朋川.虎人铜卣及相关虎人图像解析[J].艺术百家,2010,26(3):
　　98-110.

[37]陈娟,李诗满.浅谈中国陶瓷发展史[J].景德镇陶瓷,2014(1):35-36.

[38]李政.宋代青瓷艺术的发展及其文化内涵[J].艺术百家,2011,27(2):
　　217-219.

[39]梁圡贵.北京传统四合院的格局与形制[J].中华民居,2011(10):51-60.

[40]梁江,孙晖.唐长安城市布局与坊里形态的新解[J].城市规划,2003,27(1):
　　77-82.

[41]张健,刘春雪,刘敬东,等.浅析我国古代城市规划的文化与特色[J].沈阳建
　　筑工程学院学报(社会科学版),2004,6(1):11-13.